BRABUS

ROLAND LÖWISCH

HYPERCARS

ALLES ÜBER 1000 PS!

Impressum

HEEL Verlag GmbH
Gut Pottscheidt
53639 Königswinter
Telefon 02223 9230-0
Telefax 02223 923013
info@heel-verlag.de
www.heel-verlag.de

Verantwortlich für den Inhalt:
Roland Löwisch

Lektorat:
Thorsten Elbrigmann

Lithographie, Satz und Gestaltung:
F5 Mediengestaltung Ralf Kolmsee, Bonn

Fotonachweis:
alle Bilder: Hersteller / Archive Hersteller,
außer:
AutoBild: 17, 19, 39, 57
Archiv HEEL Verlag: 25, 26, 32, 43, 76, 86/87
Roland Löwisch: 30/31, 42, 50/51, 56, 65, 66/67, 69, 75, 78/79, 80, 84, 85, 86/87, 88, 92/93, 97, 98, 102, 105, 106, 109, 110, 112/113, 119, 121, 130/131, 136, 137, 138, 158, 160, 165

Titelfoto: © Koenigsegg Automotive AB Pressroom (Top Gear/Mark Fagelson)

Printed in Czech Republic

ISBN 978-3-96664-918-6

ROLAND LÖWISCH

HYPERCARS

ALLES ÜBER 1000 PS!

HEEL

Inhalt

Vorwort

Fragt man in Deutschland, woher der Begriff „Hyper" stammt, kommt nicht selten die Antwort: „Von Baxxter..." Ganz falsch ist das nicht – zumindest hat der Frontman der Band „Scooter", H.P. Baxxter, das Wort bekannt gemacht: Erstens hieß die zweite Single der Musiker im Jahre 1995 „Hyper, Hyper" und zweitens vergoldete Baxxter genau dieses „Hyper, Hyper" gefühlt jahrelang in einer TV-Werbung für das Online-Casino „Hyperino".

Der Ursprung allerdings ist ein anderer: „Hyper" stammt aus dem Griechischen, ist ein Präfix und bedeutet „über", „übermäßig", „über...hinaus", meint auch „in übertriebenem Maß" sowie „mehr als richtig, gut oder normal". Das klingt zunächst wenig sympathisch.

Das ändert sich schlagartig, wenn man mit Autofans über Hypercars spricht. Selbstverständlich sind 1000 PS oder mehr „übermäßig" – rein sachlich gesehen braucht das kein Mensch für's Vorankommen. Nicht mal für's Ego. Mehr als „normal" ist das allemal, ob es „gut" oder „richtig" ist, liegt jedoch im Ermessen eines jeden Einzelnen.

Und wer sich über Kraft fast ohne Ende aufregt: Hypercars entstehen grundsätzlich nur in homöopathischen Dosen, was bedeutet, die kommen höchstens in Kleinserien auf den Markt, meistens aber in Kleinstserien oder gar nur als Einzelstücke. Die wenigsten werden tatsächlich gefahren – die meisten verschwinden in Sammlungen und tauchen im besten Fall Jahre später in Auktionen wieder auf.

Für echte Autofans spielt das allerdings überhaupt keine Rolle. Man muss so ein Auto weder besitzen noch fahren, um sich daran zu erfreuen zu können. Es ist die Technik, die begeistert. Es sind die Formen, die sich ins benzingetränkte Hirn einbrennen. Es ist die Aerodynamik, der so oft einfallsreiche Schnippchen geschlagen werden. Es ist der Speed, der schon beim Lesen atemlos macht. Und es sind die Werte solcher Fahrzeuge, die jene von sozialverträglichen Eigenheimen oft um das Vielfache übersteigen und deshalb manchmal gar nicht vorstellbar sind. Und selten sogar für die reichsten der Welt unbezahlbar sind – weil es sich um unverkäufliche Technologieträger, Prototypen oder Versuchsautos handelt.

Kein Wunder, dass auch mich als Car-Nerd die stärksten Autos der Welt gepackt haben. Ich hatte sogar die Freude, ein paar dieser automobilen Hammer selbst pilotieren zu dürfen – wie zum Beispiel den Aston Martin Valkyrie auf der Formel 1-Rennstrecke in Bahrein. Reinsetzen und losfahren? So einfach ist das nicht. Und wenn man erstmal unterwegs ist, dann überwiegt nicht nur Freude. Denn man pilotiert dabei auch Millionen von Euro auf des Messers Schneide, was jeder, der wie ich nicht grenzenlos über finanzielle Mittel verfügt und der Verantwortung nicht mit dem Aufsetzen eines Helmes in der Boxengasse abgibt, im Hinterkopf behält und deswegen die weitgesteckten Grenzen eines solchen Fahrzeugs höchstens touchiert. Denn ein Hypercar macht nicht nur Spaß, sondern immer auch Sorgen um Werterhalt, Besitztum und Fahrfähigkeit.

Der Verlag und ich haben übrigens beschlossen, dass ein Hypercar mindestens 1000 PS aufweisen muss, um als aktuelles Beispiel in diesem Buch auftauchen zu dürfen. Autos, die bei Drucklegung dieses Buches nur als Plan existierten – wie zum Beispiel das neue Hypercar von Toni Pïech und dem Ex-AMG- und Ex-Aston Martin-Chef Tobias Moers, das mehr als 1000 PS bekommen soll – haben wir nicht berücksichtigt. Autos dagegen, die physisch zum Beispiel auf Messen standen, deren „Serien"-Fertigung aber noch auf sich warten lässt oder die nur als One-Off auftraten, sind dabei – man weiß ja nie, ob nicht doch noch etwas daraus wird...

Chiptuningorgien haben wir außer Acht gelassen. So fällt zum Beispiel ein Abt RS7-Legacy Edition 1000 trotz seiner 1000 PS durchs Raster. Ein Brabus Rocket 1000 jedoch nicht – denn Brabus ist nicht nur Tuner, sondern eingetragener Autohersteller. Und – ja, soweit sind wir schon – sogar Limousinen, SUVs, Geländewagen und sogar ein Quad finden sich in dem Hypercarregister, denn unter anderem dank Elektromobilität sind 1000 PS und mehr kein Hexenwerk. Wir haben wirklich in allen Ecken der Welt nach Hypercars Ausschau gehalten und hoffen, alle gefunden zu haben. Sollte eines fehlen, schreiben Sie uns gern!

Steigen Sie also mit uns ein in diese rasante Welt. Und nie vergessen: Viel darüber zu wissen macht wahrscheinlich glücklicher, als einen zu besitzen.

Hamburg/Königswinter, November 2024

Roland Löwisch

LWK 707
281 GOH
K994 YUD

Was ist eigentlich ein Hypercar? Welches Auto darf sich so nennen, welches nicht? Meine Antwort: Das liegt im Sinne des Betrachters. Denn eine offizielle Definition existiert nicht. „Hypercars" bilden kein eigenes Segment wie „Kleinwagen", „Kompakte" oder „Supercars". Der Begriff hat sich entwickelt, um sich eben von jenen „Supercars" abzusetzen. Dabei sind Hypercars selbstverständlich nichts anderes als Supersportwagen. Nur eben Supersupersportwagen. Humorlose Zeitgenossen gestehen gerade mal einem Prozent aller Supersportwagen das Prädikat „Hypercar" zu.

1920 kam zum ersten Male der Begriff „Supercar" auf. Er war gedacht für außergewöhnliche Sportwagen, wie etwa hier für den Bugatti Royale mit Weymann-Karosserie.

Der Begriff „Supercar" soll übrigens erstmals schon 1920 gefallen sein, als die Londoner Zeitung „The Times" ihn verwendete, um den British Ensign mit seinem damals höchst modernen 6,7-Liter-Sechszylindermotor zu charakterisieren. Dabei gab es – nach heutiger Auffassung – schon früher Super- oder sogar Hypercars. Es hat sie nur niemand so genannt.

Jede Dekade besaß so etwas, immer natürlich im Vergleich zu den anderen Vehikeln der gleichen Zeit. Denn jedes außergewöhnliche Auto, das sich vor allem in Sachen Leistung, Größe, verwendete Materialien und Preis auszeichnet und extrem unterscheidet, darf sich als solches bezeichnen. Hypercars beinhalten technisch das maximal Mögliche eines jeweiligen Herstellers – und meistens auch ihrer Zeit. Sie sind oft stärker und schneller als Rennwagen, sie bieten immer noch Restkomfort und meistens sind sie – mit welchen Tricks auch immer – straßenzugelassen. Wobei: Ferrari zum Beispiel nennt nur seine Rennwagen Hypercars, alle andere – bis hoch zum F80 – sind Supersportwagen.

Die wirklichen frühen Hypercars konnten stets beides, Rennstrecke und Straße. Zu Anfang des 20. Jahrhunderts hätte vielleicht ein „Semper Vivus" dazugehört, das erste Hybridauto der Welt. Bei diesem von Ferdinand Porsche entwickelten Lohner-Auto bilden zwei mit Benzinmotoren gekoppelte Generatoren eine Ladeeinheit, die gleichzeitig Radnabenmotoren und Batterien mit Strom versorgen – zweifellos das damals maximal Machbare. Vor 1920 könnte ein 60 PS starker Stutz Bearcat ein Hypercar gewesen sein, der 1912 25 von 30 Autorennen gewann, bei denen er mitfuhr. 1914 kostete er viermal mehr als ein Ford Model T, dem Brot-und-Butter-Auto jener Ära. Oder ein Delauney-Belleville mit bis zu Achtliter-Sechszylindern, auf die die Ersten unter den Ersten wie Zar Nikolaus II., der griechische König Georg I. und der spanische Monarch Alfons XIII. standen.

Sollte es so etwas wie eine erste Dekade mit wirklich klar erkennbaren Hypercars gegeben haben, wären es die „Goldenen Dreißiger". Da gab es zum Beispiel die Mercedes-Benz S, SS, SSK und SSKL, gebaut von 1927 bis 1933. Mit bis zu 300 PS starken Motoren fuhren sie die Konkurrenz auf den Pisten der Welt in Grund und Boden, man konnte aber auch mit diesen großen Repräsentationswagen übers Land defilieren. Ein SS Cabrio kostete mal eben 44.000 Reichsmark – unerreichbar für die meisten Fans jener Zeit.

Oder nehmen wir den Bugatti Royale Type 41, entstanden ungefähr zur gleichen Zeit wie die Mercedes. Er setzte nichts anderes als neue Maßstäbe in Sachen Größe, Design, Leistung und Preis. Das Auto geriet bis zu sechseinhalb Meter lang, befeuert wurde es von einem monumentalen 12,7-Liter-Achtzylinder mit 300 PS, der 37 Liter Sprit pro Stunde konsumierte. 200 Stundenkilometer waren möglich. Das Design der Karosserie musste Ettore Bugatti gefallen, sonst gab er das Chassis dazu nicht her. Schon der tanzende Elefant als Kühlerfigur war exquisit, ein Werk von Bugattis künstlerisch begabten Bruder Rembrandt. Allein das Fahrgestell kostete 450.000 Francs, was mal eben 100.000 Franc mehr war, als ein Rolls-Royce-Chassis kostete. War ein Rolls-Royce das Supercar, war der Type 41 das Hypercar. Selbst in Sachen Exklusivität – ebenfalls ein deutliches Merkmal für Hypercars – kann man dem Franzosen nichts vorwerfen: Gerade mal sechs Stück wurden gebaut.

Auch der Bentley Blower gehörte zur Liga der außergewöhnlichen Personenkraftwagen. Das 4 ½-Litre-Mons-

Mit seinen maximal 385 PS war der 1966 präsentierte Lamborghini Miura weit von 1000 PS entfernt, doch rückblickend gehört er zu den stilbildenden Ahnherren heutiger Hypercars.

ter mit Kompressor, in etwa 50 Exemplaren entstanden, soff 102 Liter Sprit auf 100 Kilometer – wenn das nicht „hyper" ist. Und wenn wir über den großen Teich schauen, gab es sowas natürlich dort auch. Zum Beispiel in Form eines Duesenberg SJ. An den mächtigen Auspuffrohren hing ein 320 PS starker Kompressormotor, der das Auto mit 3,62 Meter langem Radstand stilgerecht antrieb. Bis zu 225 km/h Spitze waren bei dem 1932 eingeführten Modell möglich, der Sprint von 0 auf 60 Meilen (97 km/h) soll in rund acht Sekunden erledigt worden sein – und das bei unsynchronisiertem Getriebe und einem Gewicht von bis zu drei Tonnen inklusive Karosserie und edlem Interieur. Nur 36 Duesenberg SJ wurden gebaut.

Die Franzosen hatten einen weiteren Hypercar-Bauer: Gabriele Voisin. Der Gründer von Avions Voisin war ein vielseitig begabter Mann. Während des ersten Weltkriegs konstruierte er Flugzeuge, danach Autos. Und nahm sein ganzes aerodynamisches Wissen und die dazu passenden Designideen mit. Ein Ergebnis war der Voisin C25 Aérodyne, der 1934 das Publikum erstaunte. Der große, bis zu 130 km/h schnelle Wagen war nur 1550 Kilo schwer dank konsequentem Leichtbau. Neu war außer dem Look das pneumatisch zu betätigende Blech-Autodach, das komplett nach hinten geschoben werden konnte. Für gute Rück-Sicht waren im Dach mehrere runde Fenster eingelassen. Befeuert wurde das Kuriosum von einem Dreiliter-Reihensechszylinder-Schiebermotor, der 105 PS entwickelte. So viel Technik ließ sich Voisin auch königlich bezahlen: 88.000 Francs kostete der Aérodyne, dafür bekam man schon einen Bugatti Typ 57 mit ein paar Optionen. Nur acht Stück entstanden.

In den 1950er Jahren begann mit einem Bentley Continental R die neue zeitgenössische Hypercar-Saison. Mit einem Top-Tempo von 188 km/h war der Brite der schnellste Serien-Viersitzer der Welt. Das zweitürige Coupé kostete 1952 genau 7608 Pfund, heute wären das rund 700.000 Euro – da waren für einen Ford gerade mal 390 Pfund hinzublättern. Für die unglaubliche Summe gab es einen Reihensechszylinder mit knapp 160 PS. Hypercar-Fans wie Aristoteles Onassis, der Maharadscha von Indore und der iranische Schah Reza Pahlewi griffen zu. Mehr Beispiele? Ein Mercedes 300 SL gehörte wohl auch dazu. Oder nehmen wir zum Beispiel das amerikanische Projekt Argonaut Smoke. Die Argonaut Motor Machine Company aus Cleveland stellte ein Auto mit Glaskuppel auf ultralangem Unterbau vor, bestückt mit einem 7,5-Liter-V8. 320 km/h Spitze wurden versprochen, aber genauso schnell ging das Projekt in Rauch auf – ein Schicksal vieler engagierter Versuche. Auch der GM Le Sabre von 1951 hatte das Zeug zum Hypercar mit seinen 300 PS, Spitze 250 km/h und einem futuristischen Design, aber auch hier blieb es beim Versuchsträger.

Preston Thomas Tucker schaffte es sogar, von seinem Über-Auto Tucker '48 Ende der 1940er Jahre 49 Stück herzustellen, bevor ihm und seinem mehr als nur innovativen Auto zu viele Steine in den Weg gelegt wurden. Er hatte einen revolutionären Sechssitzer entworfen, eingekleidet in einer aerodynamisch sinnvollen Torpedokarosserie. Im Heck arbeitete ein 9,6-Liter-Boxermotor, ausgestattet mit hydraulischer Ventilsteuerung, Benzindirekteinspritzung, versiegeltem Kühlsystem mit Dauerfrostschutz, 24-Volt-System, Einzelradaufhängung samt Scheibenbremsen rundum und mehr. Man darf nicht vergessen: In Deutschland bestand die Wirklichkeit zu jener Zeit aus Isetta, VW Käfer und Lloyd Alexander, In England aus Hillman Minx, Ford Popular und Morris Cowley und in Italien aus Fiat 500 Topolino und Nuova 500...

In den 1960er Jahren führten die Italiener die Hyperzeit an. Der Ferrari 250 GT war schon surrealistische Wirklichkeit – 1962 wurde er als 250 GTO die wohl wichtigste und schönste Ferrari-Ikone. GTO ist die Abkürzung für Gran Turismo Omologato – das Homologationsmodell ist ein Rennwagen mit Straßenzulassung, erstmals gebaut im Jahr 1962. Für 18.000 Dollar erhielt der Kunde unter anderem den bewährten, knapp 300 PS starken Dreiliter-V12 aus dem 250 Testa Rossa, der für 280 km/h zuständig war. Nur 39 Exemplare wurden gebaut.

Oder Lamborghini mit Miura und Countach. Wenn ein Lamborghini-Modell in der Geschichte die Marke technisch und stilistisch beeinflusst – und ebenso die Fangemeinde – dann ist es der Countach (der ohne den Miura nicht möglich gewesen wäre). Das frühe Hypercar wurde in verschiedenen Varianten von 1974 bis 1990 gebaut. In dessen Mitte steckte – natürlich – ein Vierliter-V12. Dessen Hubraum wuchs noch in der ersten Serie auf 5,2 Liter, die Leistung stieg von 375 PS auf 455 PS. Neu waren vor allem die Scherentüren, die erstmals in einem Serienauto verwendet wurden. Zwar nur als Versuchsträger baute Mercedes den C 111 – aber spätestens das serienreife Kleid, in dem die Experimentalfahrzeuge stecken, bewiesen das Zeug zum Hypercar.

Apropos: Heute wird inoffiziell der McLaren F1 als erstes echtes Hypercar gehandelt. Mit dem 1993 debütierendem F1 definierte McLaren die Eckdaten für zukünftige Supercars. Der dreisitzige Sportwagen mit BMW-Zwölfzylindermotor, den sich zum Beispiel Elon Musk und Rowan Atkinson leisteten, wurde bis 1997 genau 106mal gebaut. Der 6,1-Liter-V12, der 627 PS bis 680 PS leistet, stammt von BMW. Die aerodynamisch optimierte Monocoque-Karosserie besteht aus carbonfaserverstärktem Kunststoff und wird geadelt durch Schmetterlingstüren. Die Aufhängungen für Fahrwerk und Motor sind aus Aluminium und Magnesium gefertigt. Der Schwerpunkt liegt extrem niedrig, so dass Fahrleistungen von 390 km/h pro Stunde möglich sind. Kurios ist der Innenraum mit drei nebeneinander angeordneten Sitzen: Der Pilot thront in der Mitte. Neu kostete der McLaren F1 rund 1,5 Millionen Mark und war zu dieser Zeit das teuerste serienmäßig gefertigte Automobil der Welt. Teuer ist auch der Unterhalt: Eine große Inspektion soll rund 50.000 Euro kosten.

Dabei würde mir noch ein anderes Auto als erstes Hypercar moderner Bauart einfallen, das schon Anfang der 1990er Jahre den Asphalt der Welt erblickte: der Vector W8 des Amerikaners Gerald Wiegert. Unter anderem deshalb, weil es das erste Automodell mit mehr als 1000 PS ist. Dabei ist es – zugegeben – unklar, wie viele Stück gebaut wurden und ob sie wirklich ihre Leistung auf die Straße brachten. Immerhin ist es gesichert, dass ein paar Exemplare tatsächlich gebaut wurden.

Und für immer eine Autoszene bereichern, die sich am liebsten in fernen Power-Galaxien wähnt ...

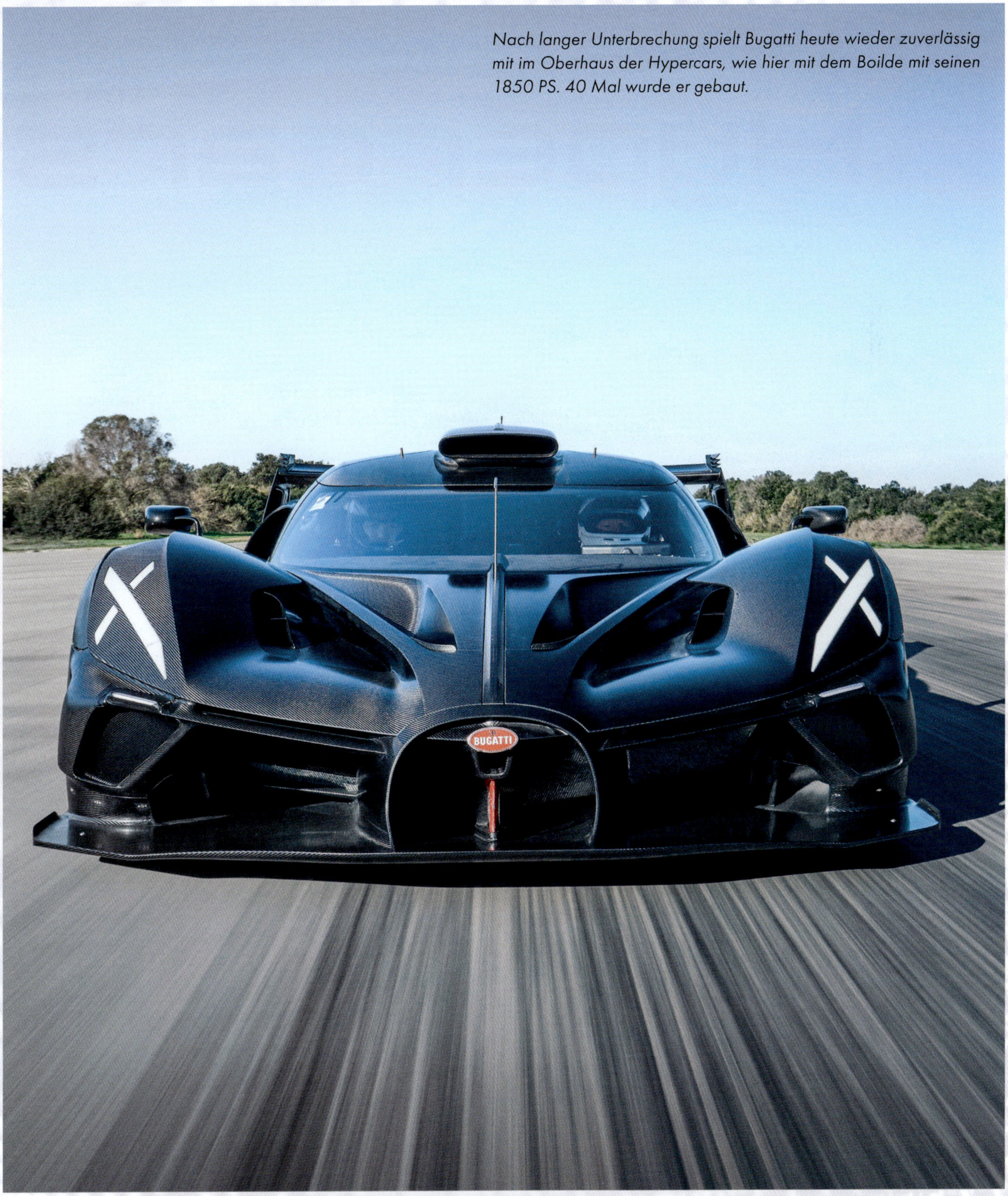

Nach langer Unterbrechung spielt Bugatti heute wieder zuverlässig mit im Oberhaus der Hypercars, wie hier mit dem Boilde mit seinen 1850 PS. 40 Mal wurde er gebaut.

Frühe Hypercars

1990 – 1999

Vector W8, WX-3, W12

Nach zwei Prototypen des W2 schafft es Gerald Wiegert, so etwas wie eine Kleinserienproduktion seines Supersportlers anzuschieben: Der W8 betritt die Hyperbühne – es sollen letztlich 22 Stück werden. Die Hinterräder des Mittelmotor-Superkeils werden nach wie vor von einem von David Kostka entwickelten Sechsliter-V8-Biturbo angetrieben, eingebettet in einem Alu-Honeycomb-Monocoque, drumherum eine Karosserie aus Carbon und Kevlar. Das Design orientiert sich am Showcar Alfa Romeo Carabo von Marcello Gandini aus dem Jahr 1968. Die Kraft von 625 PS und 880 Nm (auf dem Vector-Leistungsprüfstand bei vollem Turbodruck angeblich bis 1200 PS stark) muss eine Dreigangautomatik von GM verkraften. Das Fahrwerk ist vom Feinsten, innen geht es luxuriös zu. Das Auto soll fast 400 km/h rennen, der Sprint in vier Sekunden gelingen.

Der W8 hat tatsächlich noch einen „Nachfolger" – und zwar die zwei Prototypen WX-3 als Coupé und Roadster. Beide besitzen deutlich weichere Konturen, sind aber immer noch heftige Supersportler. Die beiden Autos stehen zunächst 1993 auf dem Genfer Salon. Wiegert liebäugelt mit Motoren, die zwischen 750 und 2000 PS leisten, in den Autos steckt jeweils ein Siebenliter-V8-Biturbo mit 1000 PS bis 1200 PS. Damit sollten 440 km/h realisiert werden ...

Bauart:	Coupé
Baujahr:	1989 – 1999
Motor:	V8-Biturbo, V12
Hubraum:	5707ccm, 5981 ccm, 7000 ccm
Leistung:	499 PS, 625 PS, PS
Getriebe:	Dreigang-Automatik, Fünfgang-Handschalter
Antrieb:	Hinterräder
Gewicht:	1506 Kilo, 1633 Kilo
Vmax:	304 km/h, 389 km/h, 440 km/h

Vector Automotive wird 1995 von der indonesischen Firma Megatech übernommen, und die bringen den Vector M12 heraus. Unter der Haube arbeitet ein 5,7-Liter-V12 von Lamborghini mit 499 PS, was über ein Fünfgang-Schaltgetriebe für 304 km/h reicht. Nur 17 Stück inklusive Prototyp werden gebaut. 2007 zeigt Gerry Wiegert noch den Prototypen eines Vector WX-8, der mit einem Zehnliter-V8 samt Turbolader bis zu 1850 PS leisten soll, um 430 km/h zu erreichen. Noch im August 2018 soll an den Wagen gearbeitet worden sein, aber der Tod von Wiegert im Jahr 2021 stoppt das Projekt.

Lotec 1000C, Sirius

Der Lotec Sirius ist das Ergebnis einer langen Entwicklung. Die ist dem Kolbermoorer Kfz-Meister Kurt Lotterschmidt zu verdanken, der sich an Rennwagen versucht und auch selbst Racer ist. Er bekommt Besuch von einem Ölscheich, der nichts weniger möchte als das schnellste Auto der Welt zu besitzen. Naja, eigentlich geht der Ölscheich zu Mercedes, aber die Stuttgarter wenden sich an Lotterschmidt. Das Team entscheidet sich für ein Carbon-Chassis, als maximales Drehmoment wird 1000 Newtonmeter angepeilt. Fertig ist der Autoname: Lotec 1000C. Mercedes liefert dafür den Motor, der letztlich 850 PS für das 1480 Kilo schwere Auto zur Verfügung stellt. Top-Speed ist 374 km/h.

1992 wird der zweite Supersportwagen in Angriff genommen – der Sirius. Ziel ist diesmal der schnellste Zweisitzer, der auf öffentlichen Straßen fahren darf. Wieder wird Carbon verwendet, aber nun wird das Auto 1280 Kilo leicht. Als Mittelmotor arbeitet der V12 aus der Mercedes-S-Klasse, dem noch zwei Turbolader mit Ladeluftkühlern spendiert wird und bis zu 1200 PS leisten soll. Obwohl die Macher anbieten, den Sirius nach Auftrag zu bauen und zu verkaufen, bleibt es wohl bei einem einzigen Exemplar.

Bauart:	Coupé
Baujahr:	1990
Motor:	V12-Biturbo
Hubraum:	5987 ccm
Leistung:	850 PS – 1200 PS
Getriebe:	k.A.
Antrieb:	Hinterräder
Gewicht:	1280 Kilo, 1480 Kilo
Vmax:	374 km/h – 400 km/h

Lamborghini Diablo

Selbst ein Countach braucht mal einen Nachfolger – also her mit dem Diablo, der von Anfang an das schnellste Serienauto der Welt werden soll. 1990 gibt es zuerst den Diablo SV (Sport Veloce) mit Hinterradantrieb. Im Jahr 1993 kommt der allradgetriebene Diablo VT (für Visco Traction) hinzu, 1995 öffnet Lamborghini den Diablo und hat damit auch einen Roadster im Programm. Zunächst wird der 5,7-Liter-V12 mit 492 PS eingebaut. Eine große Modellpflege erreicht den Diablo im Jahr 1999. Mit dem Sechsliter-V12, der jetzt 575 PS bei 7300 Umdrehungen leistet, sind 338 km/h drin. Der Sprint wird in sagenhaften 3,8 Sekunden erledigt. Die fünf Gänge werden in offener Kulisse gewählt, der erste liegt sportlich links unten, der fünfte rechts unten. Platz gibt es nicht – das rechte Ohr hat ständig Kontakt mit dem linken Dachholm. Für das Design des Fahrzeugs ist der Miura- und Countach-Schöpfer Marcello Gandini verantwortlich. Nur gut 80 Stück des 575 PS starken GT werden gebaut.

Bauart:	Coupé, Roadster
Baujahr:	1990 – 2001
Motor:	V12
Hubraum:	5707 ccm, 5992 ccm
Leistung:	492 PS – 575 PS
Getriebe:	Fünfgang-Handschalter
Antrieb:	Hinterräder, Allrad
Gewicht:	1460 Kilo – 1695 Kilo
Vmax:	320 km/h – 338 km/h

Cizeta V16T

Den Cizeta V16T kennen Insider vielleicht eher als Cizeta-Moroder V16T – so heißt das Auto aber nur in der Entwicklungsphase. Initiator ist italienische Lamborghini-Ingenieur Claudio Zampolli. 1985 beginnt er, seinen eigenen, ganz besonderen Sportwagen zu entwickeln. Kurz darauf beteiligt sich Komponist und Grammy-Gewinner Giorgio Moroder an dem Projekt. Designer ist Countach-Erschaffer Marcello Gandini, der gleichzeitig am Diablo arbeitet – vermutlich deswegen gibt es Ähnlichkeiten zwischen Diablo und dem Cizeta. 1988 steht der Prototyp in Genf – Moroder steigt 1990 aus. Der erste Cizeta kommt mit Sechsliter-V16-Mittelmotor, der brachiale 542 PS leistet, was für 325 km/h Spitze und den Sprint in 4,5 Sekunden reichen soll. Wegen Geldmangels kann Zampolli nicht die geplanten 40 Stück pro Jahr bauen, nicht mal zehn pro Jahr werden realisiert. In Deutschland will Zampolli 527.250 Mark für sein Werk haben, das weder ABS, ASR oder ESP hat und auch sonst nicht gerade mit Luxus überhäuft ist – vielleicht ein Grund, warum das Unternehmen 1995 schließen muss. Letztlich werden inklusive Prototypen nur acht Autos mit Alu-Karosserie und Stahldach gebaut. Allerdings geht Zampolli danach in die USA und baut dort drei weitere Exemplare, darunter den einzigen Spyder, für den Zampolli 849.000 Dollar aufruft.

Bauart:	Coupé, Spyder
Baujahr:	1991 – 1998
Motor:	V16
Hubraum:	5995 ccm
Leistung:	542 PS
Getriebe:	Fünfgang-Handschalter
Antrieb:	Hinterräder
Gewicht:	1700 Kilo
Vmax:	325 km/h

Bugatti EB 110

Romano Artioli ist ein großer Sammler von Bugatti-Fahrzeugen. Der italienische Automobilimporteur und -händler träumt Mitte der 1980er-Jahre vom ultimativen Sportwagen – von einem neuen Bugatti, erstmals seit 1956. 1987 kauft Artioli die Markenrechte und wird Vorsitzender der Bugatti Automobili S.p.A. In Italien fertigt er den Bugatti EB 110 – benannt nach Ettore Bugatti und dessen 110. Geburtstag. Das 125 Kilo leichte Monocoque besteht erstmals bei einem Serienauto aus Carbon, die Karosserie wird aus Aluminium, Carbon und mit Aramidfasern verstärktem Kunststoff geformt, dazu kommen Magnesium-Räder und Titan-Schrauben. Für Vortrieb ist ein 3,5-Liter-V12-Mittelmotor mit vier Turboladern zuständig. Je nach Modell und Ausbaustufe bedeutet das 560 und 611 PS. Gekoppelt sind Allradantrieb und ein manuelles Sechsgang-Getriebe. Von 0 auf 100 km/h sprintet der EB 110 in 3,26 Sekunden, die Höchstgeschwindigkeit liegt bei 351 km/h. Im Laufe der Zeit gibt es das Auto als EB110 GT (Gran Turismo) und EB 110 S (Supersport, später SS). Mit dem EB 110 stellt Bugatti 1991 vier Weltrekorde auf, unter anderem den für die schnellste Beschleunigung, den schnellsten Seriensportwagen, den schnellsten mit Gas betriebenen Sportwagen und den für das schnellste Serienauto auf Eis. Bis 1995 entstehen in der Manufaktur in Campogalliano 96 EB 110 GT und 32 EB 110 Super Sport. Dann geht Artioli das Geld aus.

Bauart:	Coupé
Baujahr:	1991 – 1993/1995
Motor:	V12 und vier Turbolader
Hubraum:	3500 ccm
Leistung:	560 PS, 611 PS
Getriebe:	Sechsgang-Handschalter
Antrieb:	Allrad
Gewicht:	1570 Kilo – 1735 Kilo
Vmax:	351 km/h

Jaguar XJ220

Ausgerechnet eine Gruppe von Jaguar-Workoholics erbaut in ihrer Freizeit mit Hilfe des südafrikanischen Designers Keith Helfet das Supercar XJ220. Wobei die 220 für die erhoffte Höchstgeschwindigkeit von 220 Meilen pro Stunde (350 km/h) steht. Der 5,14 Meter lange, 1550 Kilo schwere Sportwagen erhält einen 6,2-Liter-V12-Sauger als Mittelmotor unter die Haube, der für 580 PS und 550 Newtonmeter sorgt. Das soll für 330 km/h reichen, und damit die Reifen die Power aushalten, steckt ein Allradsystem unter der Alu-Karosserie. Die Türen öffnen nach oben, innen passen drei Menschen hinein – nebeneinander. Tatsächlich beschließt die Firmenleitung den Serienbau – allerdings ist der Prototyp zu groß, zu schwer und zu kompliziert. Tom Walkingshaw, der den Wagen realisieren soll, spart überall: V6-Biturbo statt V12, Karosserie minus 25 Zentimeter, Allradantrieb raus, ein Sitz raus. Gewicht jetzt: 1350 Kilo. Dafür: Volllederausstattung, Glasdach, Klimaanlage, Soundsystem. Martin Brundle schraubt trotz allem die Top-Speed in Nardo auf 349,4 km/h. Damit ist der XJ220 das schnellste Serienfahrzeug der Welt zu seiner Zeit. Ein Exemplar kostet in Deutschland rund eine Million Mark. Letztlich werden außer zehn Prototypen bis zum Produktionsende im Dezember 1993 rund 275 Stück gebaut.

Bauart:	Coupé
Baujahr:	1992 – 1994
Motor:	V6-Biturbo
Hubraum:	3498 ccm
Leistung:	542 PS
Getriebe:	Fünfgang-Handschalter
Antrieb:	Hinterräder
Gewicht:	1350 Kilo
Vmax:	349 km/h

McLaren F1

Wenn ein Auto halboffiziell für die Urform aller heutiger Super- und Hypercars steht, dann ist das der McLaren F1. Groß, breit, Mittelmotorauslegung, die Fahrgastzelle recht weit vorne, kraftvoll zweckgebunden. Zu verdanken ist die wohl größte Ikone aller Supersportlerfans einem Treffen von vier McLaren-Führungskoryphäen nach dem Großen Preis von Italien im Jahr 1988: Sie beschließen mal eben, das beste straßentaugliche Auto der Welt zu bauen. Nach vier Jahren ist der F1 fertig – das erste Straßenrenner mit Carbonchassis und das mit 1,5 Millionen Mark teuerste Serienauto, das zu haben ist. Und zudem mit 391 km/h das schnellste straßentaugliche Fahrzeug mit Saugmotor. Das verdankt er vor allem dem BMW-V12 mit bis zu 680 PS. Die Auflage wird auf 106 Stück begrenzt. 72 Stück dürfen auf die Straße als F1, F1 LM und F1 GT. Der Einsatz von Titan und Magnesium macht das Auto leicht – selbst das Werkzeugset aus Titan ist um 50 Prozent leichter als eines aus Stahl. Eine computergesteuerte Airbrake sorgt dafür, dass der F1 beim harten Bremsen einen konstanten Druckmittelpunkt beibehält. Berühmt machen ihn leider auch Unfälle: Ein Exemplar crasht der BMW-Vorstandsvorsitzende Bernd Pischetsrieder auf der Landstraße im Jahr 1995, einer fackelt nach einem Unfall von „Mr. Bean" Rowan Atkinson ab.

Bauart:	Coupé
Baujahr:	1993 – 1997
Motor:	V12
Hubraum:	6064 ccm
Leistung:	627 PS – 680 PS
Getriebe:	Sechsgang-Handschaltung
Antrieb:	Hinterräder
Gewicht:	1262 Kilo
Vmax:	386 km/h – 391 km/h

Dauer 962 LM

Nachdem der deutsche Industrielle Jochen Dauer 1988 die Sportwagen-Europameisterschaft auf dem Porsche 962C gewinnt, lässt ihn dieser Wagen nicht mehr los. Weil das Auto wegen Reglementänderungen bald nicht mehr in Rennserien starten darf, will sich Dauer für eine Straßenzulassung für das Modell kümmern und macht aus dem Porsche 962C den Dauer 962 LM. Er ändert die Technik kaum, die Karosserie jedoch deutlich, baut eine Servolenkung ein sowie ABS, Scheinwerfer, Spiegel und einen Kat. Mit 730 PS fährt das Auto 404 km/h und ist damit der schnellste Straßensportwagen bis zum Bugatti Veyron. Der Sprint gelingt in sagenhaften 2,6 Sekunden. Eigentlich sollen 50 Kunden in den Genuss des Supersportlers kommen, aber es werden nur 13 Stück gebaut. Allein sechs davon gehören dem Sultan von Brunei. Übrigens: Aufgrund einer Lücke im Reglement kann Porsche 1994 mit dem Rennwagen Dauer 962 LM Sport das Rennen in Le Mans gewinnen.

Bauart:	Coupé
Baujahr:	1993 – 2002
Motor:	Sechszylinder-Boxer-Biturbo
Hubraum:	2994 ccm
Leistung:	730 PS
Getriebe:	k.A.
Antrieb:	Hinterräder
Gewicht:	1080 Kilo
Vmax:	404 km/h

Ferrari F50, F50 GT

Wer 40 sagt, sagt irgendwann auch 50 – Ferrari tut das beim Nachfolger des F40. Der F50 ist noch krasser – das beginnt damit, dass nur 349 ausgewählte Personen einen bekommen, wenn sie denn genug Geld bezahlen. Es sei denn, sie heißen Michael Schumacher – er erhält einen als Geschenk. Die Karosserie besteht aus Kohlenstofffaser verstärktem Kunststoff, die 335er-Puschen arbeiten auf 18-Zoll-Magnesiumfelgen, das Fahrwerk arbeitet elektronisch, das Hardtop lässt sich entfernen. Der komplett neue 4,7-Liter-V12-Motor hat Formel-1-Gene, leistet mittig eingebaut 520 PS, was 325 km/h Spitze möglich macht. Den Sprint von 0 auf 100 km/h schafft der F50 in 3,9 Sekunden. Er trägt Pininfarinas unverwechselbare Handschrift. Trotz guter Fahrleistungen entfacht der F50 aber nicht so viel Enthusiasmus wie der F40, was an der für viele nicht ganz so überzeugenden Form liegt, aber ebenso setzt er sich in Sachen Fahrleistungen nicht genug ab vom Vorgänger oder der Konkurrenz. So entstehen zusätzlich noch drei F50 GT, die dann auch gleich mit 750 PS und sequenziellem Sechsganggetriebe kommen.

Bauart:	Coupé, Spyder
Baujahr:	1996 – 1997
Motor:	V12
Hubraum:	4699 ccm
Leistung:	520 PS, 750 PS
Getriebe:	Sechsgang-Handschalter, Sechsgang sequenziell
Antrieb:	Hinterräder
Gewicht:	1230 Kilo
Vmax:	325 km/h

Porsche 911 GT1

1991 entscheidet Porsche, dass die GT-Klassen das richtige Umfeld fürs Portfolio sind. Um auch mal wieder ganz oben mitfahren zu können, entwickeln die Ingenieure einen Top-GT auf Basis des 911 Typ 993. Die Vorgaben: noch als 911 erkennbar, laut Reglement nur 1100 Millimeter hoch, 1960 Millimeter breit, Radstand 2,5 Meter, wassergekühlter Sechszylinder-Boxer mit zwei Turboladern in Mittelmotoranordnung. Das Ergebnis ist der 911 GT1. Der steht nach nur 234 Entwicklungstagen im Jahr 1996 in Le Mans am Start. Zwei Exemplare schlagen sich bestens, sie landen auf den Gesamträngen zwei und drei. 1998 schiebt Porsche den 911 GT1 Evo nach. Als Evo speckt das Auto um 100 Kilo ab, was im Renneinsatz ein Gewicht von nur 950 Kilo bedeutet. 1998 gelingt dann endlich der gewünschte Doppelsieg in Le Mans. Porsche ist in Sachen Homologation übrigens verpflichtet, auch Straßenversionen anzubieten – laut Reglement müssen es 25 Stück sein. Tatsächlich werden wahrscheinlich nur 23 Stück gebaut.

Bauart:	Coupé
Baujahr:	1996 – 1998
Motor:	Sechszylinder-Boxer-Biturbo
Hubraum:	3163 ccm
Leistung:	550 PS – 600 PS
Getriebe:	Sechsgang-Handschalter
Antrieb:	Hinterräder
Gewicht:	950 Kilo – 1120 Kilo
Vmax:	310 km/h – 350 km/h

Mercedes CLK GTR AMG

Zur Homologation des Rennwagens für die FIA-GT-Meisterschaft muss Mercedes-Benz 25 straßenzugelassene Exemplare des CLK GTR AMG bauen (20 Coupés und fünf Roadster) – tatsächlich kommen diese aber erst nach dem Aus der Rennserie zu den Kunden. Wie beim Rennwagen sitzt ein Sechsliter-V12 – eine Variante des Motors aus dem S 600 – vor der Hinterachse unter der Kohlefaserkarosserie. Damit gelingt der Sprint in 3,7 Sekunden. In wenige Modelle, die „Super Sport" heißen, wird auch der 7,3-Liter-AMG-V12 eingebaut, der um die 664 PS leistet. Kaufpreis eines Exemplars: 3.074.000 Deutsche Mark. Damit ist das 1440 Kilo schwere Auto zu seiner Zeit der teuerste Serienwagen. Aber auch eine Show: Die Türen öffnen nach vorne und oben, Das Fahrwerk ist identisch mit dem des Rennwagens, aber im Gegensatz zu den Racern gibt es Klimaanlage, ein Musiksystem, Volllederausstattung, elektrische Spiegel, Parktronic, ABS und die Antriebsschlupfregelung ASR.

Bauart:	Coupé, Roadster
Baujahr:	1998 – 1999
Motor:	V12
Hubraum:	6898 ccm, 7291 ccm
Leistung:	612 PS, 664 PS
Getriebe:	Sechsgang sequenziell
Antrieb:	Hinterräder
Gewicht:	1440 Kilo
Vmax:	320 km/h

Pagani Zonda

Bauart:	Coupé, Roadster
Baujahr:	1999 – 2017
Motor:	V12
Hubraum:	5987 ccm – 7291 ccm
Leistung:	394 PS – 800 PS
Getriebe:	Sechsgang-Handschalter, Sechsgang-Automatik
Antrieb:	Hinterräder
Gewicht:	1070 Kilo – 1350 Kilo
Vmax:	298 km/h – 345 km/h

Balcarce, Argentinien, im Jahre 1988: Der junge Designer Horacio Pagani schaut dem Mann mit den kurzen grauen Haaren fest in die Augen. „Mein Freund," sagt er leise, „ich möchte Dir ein Auto widmen. Es soll so heißen wie Du." „Was für eine Ehre," antwortet Juan Manuel Fangio, „aber ich habe eine Bedingung: Ich war und bin ein Mercedes-Mann – deshalb muss der Motor des Autos einen Stern tragen..." Pagani nennt die Autos „Zonda" nach dem Wind in den argentinischen Anden, den Fangio so liebt. Die sind in Carbon, Leder und Aluminium gegossene Bildhauereien. 1999 beginnen die Zonda mit dem 394 PS starken C12, spätere Versionen erhalten ein F für „Fangio". Die Rahmen bestehen aus Chrom-Molybdän-Stahl, die Motoren stammen aus der Mercedes-Powerabteilung AMG (Zwölfzylinder, anfangs sechs Liter Hubraum, schließlich 7,3 Liter Hubraum, bis zu 800 PS und 780 Newtonmeter Drehmoment), die Karosserie ist aus 15lagigem Carbon gefertigt – auf Wunsch sogar Sichtcarbon. Die Form ist entfernt den alten Gruppe-C-Rennwagen von Mercedes nachempfunden, der Komfort steht diesen Autos diametral gegenüber. Der beherzte Tritt aufs Gaspedal wird im Zonda F mit einem Sprint von 3,6 Sekunden von 0 auf 100 km/h belohnt, wer sich mit der italienischen Autobahnpolizei anlegen will, kann dort mit bis zu 345 km/h durch die Terra di Motori flitzen. Der einteilige Flügel presst den 1,3 Tonnen schweren bei 300 km/h hinten mit zusätzlichen 330 Kilo auf den Asphalt, vorne beträgt die Downforce 270 Kilo. Das Kunstwerk kostet je nach Extrawünschen bis zu 800.000 Euro. Teuerster Zonda aber ist der Jüngste: Der HP Barchetta kostet 15 Millionen Euro. Der Kunde bekommt dafür aber auch höchste Exklusivität und 760 PS aus einem Mercedes-V12. Die Karosserie wiegt nur 60 Kilo. Innen kauert man auf mit Nubuk-Leder bezogenen Carbonsitzen, blickt auf ein Cockpit in Aluminium-Feinschliff, greift zu einem Lenkrad aus einem Mix aus Holz und blauem Leder, bedient kunstvolle Alu-Pedale und freut sich über 120 Kevlarteile.

Frühe Hypercars

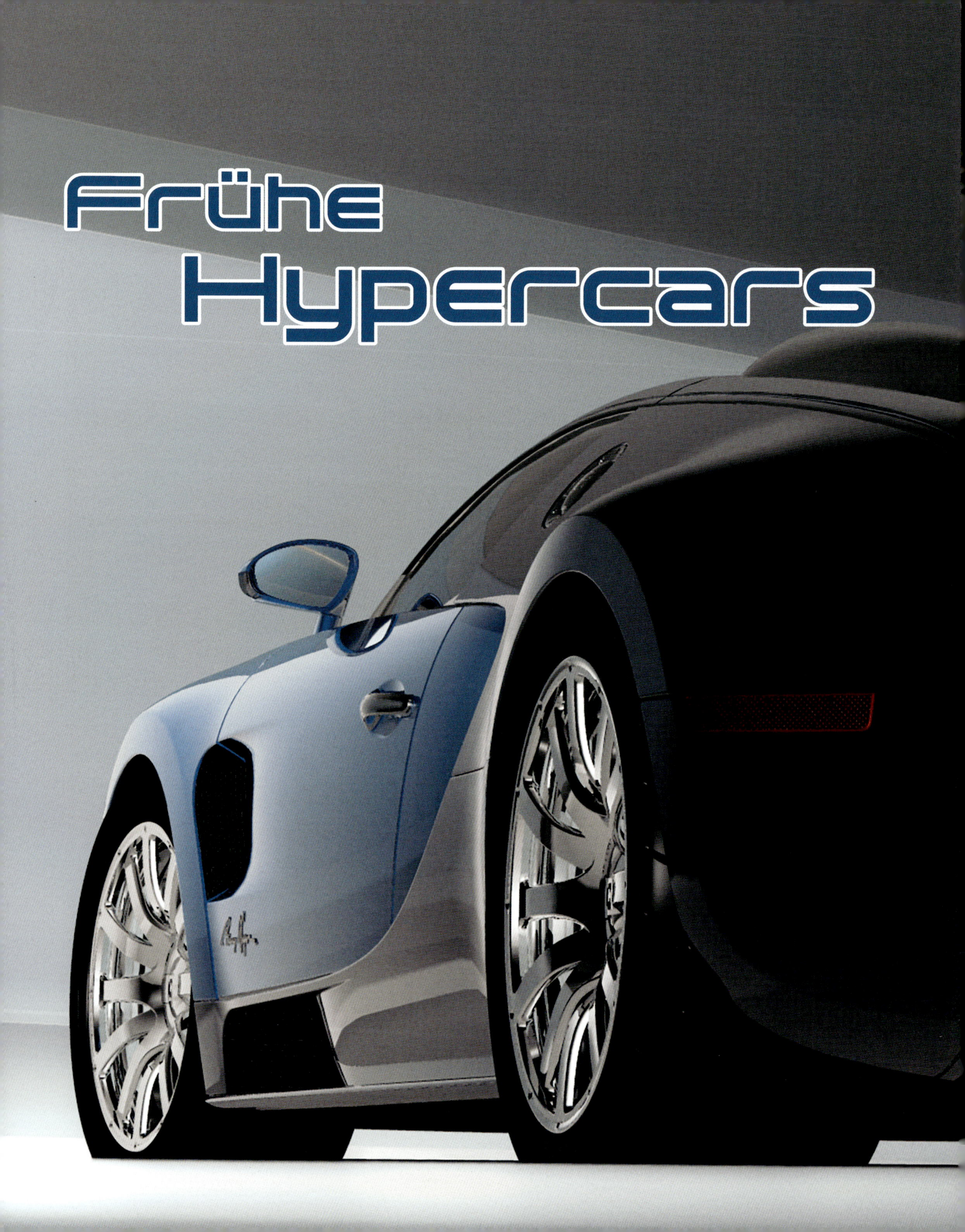

2000 – 2009

MT900 GTR Daytona 24h Winner
FIA GT - Champion in
and
RAVENOL

Mosler MT 900

Der Supersportler Mosler ist der Versuch einiger gut situierter Enthusiasten, einen der schnellsten und zuverlässigsten Straßensportler auf die Räder zu stellen. Geldgeber ist Warren Mosler, Entwickler Rod Trenne. Mosler hat bereits vor dem MT 900 (für 900 Kilo) den Rennwagen Consulier GTP gebaut und die Fachwelt damit in Erstaunen versetzt. Als der Consulier mit 2,2-Liter-Chrysler-Turbomotor, den lächerlichen 998 Kilo und den 250 km/h Spitze bei den IMSA-Rennen unschlagbar wird, verändert sich – wie so oft in diesen Fällen – das Reglement. Schwupps ist der Consulier draußen. Der Mosler MT 900 erscheint 2001, besitzt eine CFK-Karosserie, auch das Chassis und besteht aus dem Kunststoff. Vor der Hinterachse sitzt ein Corvette-V8 mit 5,7 Litern Hubraum, was 350 PS bedeutet. Das Auto ist in diversen Stärkestufen bis zum Siebenliter-V8 mit 610 PS zu haben. Die Gewichte werden übrigens mit vollem 100-Liter-Tank angegeben, also ist so ein MT600 wirklich leicht. Den Sprint erledigt er zwischen 3,1 und 3,9 Sekunden, der Preis beginnt bei 435.000 Dollar. 2005 gibt es die Straßenzulassung, bis zur Firmenübernahme 2013 entstehen etwa 80 Stück.

Bauart:	Coupé, Cabriolet
Baujahr:	2001 – 2013
Motor:	V8
Hubraum:	5700 ccm – 7011 ccm
Leistung:	350 PS – 610 PS
Getriebe:	Sechsgang-Handschalter
Antrieb:	Hinterräder
Gewicht:	900 Kilo – 1250 Kilo
Vmax:	330 km/h

Bauart:	Coupé, Spyder
Baujahr:	seit 2001
Motor:	V8
Hubraum:	4163 ccm – 6997 ccm
Leistung:	285 PS – 800 PS
Getriebe:	Fünfgang-Handschalter, Sechsgang-Handschalter
Antrieb:	Hinterräder
Gewicht:	ca. 1000 Kilo
Vmax:	k.A.

Ultima Sports Can Am, GTR

Ultima Sports mit Sitz in Hinckley, England, wird 1992 als Zweig der Noble Motorsports Ltd. gegründet. Der Can Am wird 1999 als Kit-Car-Rennwagen entwickelt, er kommt 2001 auf den Markt – und schockt die Konkurrenz. Denn die Selbstbaukiste ist so leicht und stark, dass den arrivierten Gegnern die Ohren schlackern. Die Wagen mit GFK-Karosserie wiegen keine Tonne, werden aber unter anderem von starken V8-Motoren angetrieben. Das Modell ist als Flügeltüren-Coupé und Spyder zu haben. Da der Can Am ein Bausatz ist, wird er in England ohne Motor geliefert. Ein V8 mit 285 PS ist die günstigste Variante, der heftigste Motor ist ein Siebenliter-LS7-Motor aus der Corvette mit 720 PS. Für die deutsche Straßenzulassung gibt es zwei Modelle, die mit dem 4,2-Liter-V8 von Audi fahren. Ultima Cars Deutschland bietet seit 2002 straßenzugelassene Ultima GTR und CanAm mit LS3/LS7- und C5-R Motoren mit einer Leistung von bis zu 800 PS an.

Ferrari Enzo Ferrari

Wie soll man bitte bei Ferrari auszuwählen, welche ihrer Supercars Eingang in dieses Buch finden und welche nicht? Denn eigentlich baut Ferrari ausschließlich Supercars. Zu Anfang des 21. Jahrhunderts ist es nach dem F50 zweifellos der Enzo Ferrari. Das Einzige, was an dem Modell schlicht ist, ist die Namensgebung, denn genauso heißt der Firmengründer. Hausdesigner Pininfarina entwirft das Kleid, der Motor stammt von Ferrari (arbeitet aber auch im Maserati MC12) und leistet 660 PS, was den Sprint in 3,27 Sekunden ermöglicht. Zuerst will Ferrari nur 349 Stück bauen, letztlich werden es 400. Grundpreis: 662.000 Euro. Beim Bau wird Formel-1-ähnliche Technologie verwendet – Karosserie aus kohlenstofffaserverstärktem Kunststoff, sequenzielle Sechsgangschaltung, Carbon-Keramik-Bremsen. Hinzu kommt eine automatische Abtriebregulierung. Die Aerodynamik wird in 3000 Arbeitsstunden optimiert. Käufer sind zum Beispiel Tommy Hilfiger, Zlatan Ibrahimović, Jay Kay, Ralph Lauren, Nick Mason und Eric Clapton. Ein Exemplar wird Papst Johannes Paul II. geschenkt, der es als Spende versteigern lässt. Erlös für Tsunami-Opfer von 2004: 1.055.000 Euro.

Bauart:	Coupé
Baujahr:	2002 – 2004
Motor:	V12
Hubraum:	6262 ccm
Leistung:	660 PS
Getriebe:	Sechsgang sequenziell
Antrieb:	Hinterräder
Gewicht:	1365 Kilo
Vmax:	355 km/h

Koenigsegg CC

Als ich Christian von Koenigsegg Mitte 2001 in seiner Firma in Ängelholm besuche, ist der Mann gerade mal 29 Jahre alt – und gleichzeitig Initiator, Gründer, Chefdenker und Geldgeber der Marke, die sich zum Ziel gesetzt hat, stets die weltstärksten Seriensportwagen zu bauen. Ich erinnere mich, wie ich – schwupps – im Koenigsegg CC sitze – 655 PS sowie 750 Nm hinter mir, 315er-Walzen unter mir und unbekannte schwedische Landstraße vor mir. Die Kraft kommt aus einem 4,6-Liter-V8, der von einem Paxton-Kompressor befeuert wird. Der Prototyp wiegt lächerliche 1100 Kilo und sprintet in 3,2 Sekunden von 0 auf 100 km/h. Nett ist das ultraleichte Dach, dessen einteilige Platte abgenommen und vorne verstaut werden kann. In Serie heißt das Auto CC8C. Es trägt 325er-Reifen, gewinnt den Red Dot Design Award, wird ab 2002 ausgeliefert und im Guinness Buch der Rekorde als Auto mit dem stärksten in Serie gebauten Motor für ein Kraftfahrzeug verewigt. Der sitzt in einem CFK-Chassis Stahlrahmen vorne sowie Aluminium-Rahmen im Heck. Die gesamte Karosserie besteht aus kohlenstofffaserverstärktem Kunststoff (CFK). 2008 werden zwei Spezialversionen vorgestellt: CCX und CCXR – noch straffer, noch stärker, noch tiefer und mit lackierter Sichtcarbonkarosserie geadelt. Es gibt nur wenige Exemplare, aber jedes ist anders als das andere – und die Kraft reicht schließlich bis 1032 PS. Nicht schlecht für ein Wagengewicht von maximal 1280 Kilo.

Bauart:	Coupé, Cabriolet
Baujahr:	2002 – 2010
Motor:	V8-Kompressor, V8-Bikompressor
Hubraum:	4601 – 4800 ccm
Leistung:	655 PS – 1032 PS
Getriebe:	Sechsgang-Handschalter
Antrieb:	Hinterräder
Gewicht:	1100 Kilo – 1280 Kilo
Vmax:	390 km/h – 400 km/h

Cadillac Cien

Wie gut, dass es Jubiläen gibt, und wie gut, dass sie gefeiert werden. Cadillac tut das 2002 zu Ehren von 100 Jahren Firmenexistenz mit dem Cien („hundert" auf Spanisch). Das Supercar ist ausgerüstet mit einem fetten 7,5-Liter-V12, der für 750 PS und 881 Newtonmeter Drehmoment sorgt. Der Cien ist von Simon Cox designt und gilt als der erste Supersportler von Cadillac. Stilistisch steht er für den Beginn des Kantendesigns bei den amerikanischen Edelmarke. Geschätzte 3,5 Sekunden braucht der Prototyp für den Sprint auf 100 km/h, laut Ingenieure soll er 349 km/h rennen. Es bleibt beim Einzelstück.

Bauart:	Cabriolet
Baujahr:	2002
Motor:	V12
Hubraum:	7500 ccm
Leistung:	750 PS
Getriebe:	Sechsgang sequenziell
Antrieb:	Hinterräder
Gewicht:	k.A.
Vmax:	349 km/h

Porsche Carrera GT

Der Porsche-Typ 980 – besser bekannt als Carrera GT – ist auf den ersten Blick eher das Ergebnis von Zufällen als von Planungen. Denn Porsches Motorsportingenieure bauen im Jahr 2000 an einem neuen Rennwagen für das 24-Stunden-Rennen in Le Mans, als der Vorstand voll auf die Bremse tritt. Allerdings gibt es da schon das Fahrzeug und den passenden V10 dafür. Zumindest der Motor ist zu schade, um ihn nicht zu nutzen. Da liegt es nahe, mal wieder einen Supersportwagen für die Straße auf die Räder zu stellen, der zu dem Motor passt – mit purer Renntechnik wie Pushrod-System (Federbeine der Hinterachse sind am Getriebegehäuse befestigt), Keramik-Composit-Bremse, Zweischeiben-Renn-Keramikkupplung, Felgen aus geschmiedetem Magnesium und einer Kohlefaser-Karosserie, unter der mehr als 70 neue Patente stecken. Die Entwicklung und Abstimmung des bald „Carrera GT" getauften Autos übernimmt Rallye-As Walter Röhrl auf der Nordschleife – das Modell ist noch heute für ihn das Nonplusultra im Sportwagenbau, weil keine Elektronik die Kraft einschnürt. Der Sound ist betörend, der Antritt ebenfalls, die Straßenlage auch bei hohen Kurventempi nahezu perfekt. Leider baut Porsche nur 1500 Stück des 612-PS-Zweisitzers zum Stückpreis von gut 452.000 Euro.

Bauart:	Coupé
Baujahr:	2003
Motor:	V10
Hubraum:	5733 ccm
Leistung:	612 PS
Getriebe:	Sechsgang-Handschalter
Antrieb:	Hinterräder
Gewicht:	1380 Kilo
Vmax:	330 km/h

Cadillac Sixteen

Cadillac ist groß in Sachen Concept Cars, und groß wird auch der Sixteen aus dem Jahr 2003. 5,6 Meter lang, Radstand gute 3,5 Meter, 24 Zoll messende Räder – das sind schon fette Ansagen. Auch antriebsseitig gibt sich der Ami nicht gerade bescheiden: 13,6-Liter-V16, 1000 PS, 1355 Nm maximales Drehmoment. Trotz 2270 Kilo Gewicht benötigt das Auto nur 3,6 Sekunden von 0 auf 100 km/h. Zu den wesentlichen Innovationen der Konstruktion zählen die „Displacement on demand" (Hubraum nach Bedarf) genannte zweistufige Zylinderabschaltung, die den 16-Zylinder bei geringer Leistungsanforderung in einen Acht- oder gar Vierzylinder verwandeln. Dabei werden die Ein- und Auslassventile der betroffenen Zylinder in Sekundenbruchteilen stillgelegt, was den Kraftstoffverbrauch auf das Niveau herkömmlicher Motoren senkt. Die viertürige Karosserie, bei der auf die mittleren Dachpfosten verzichtet wird und deren Dach komplett aus Glas besteht, ist aus Aluminium. Sie ruht auf einem innovativen zentralen Chassis-Tunnel aus Stahl, an dem vordere und hintere Spaceframe-Konstruktionen aus extrudierten Aluminium-Strukturen befestigt sind. Solche Delikatessen rufen natürlich gleich die Scheichs auf den Plan – einer bietet für das Auto zehn Millionen Dollar.

Bauart:	Limousine
Baujahr:	2003
Motor:	V16
Hubraum:	13.600 ccm
Leistung:	1015 PS
Getriebe:	k.A.
Antrieb:	k.A.
Gewicht:	2270 Kilo
Vmax:	300 km/h

Maserati MC-12 Stradale

Im Gegensatz zu den normalen Maserati ist der MC-12 Stradale ein echtes Supercar. Kein Wunder, verfügt er über die geniale Basis des Ferrari Enzo. Die Eckdaten des über fünf Meter langen Boliden: 632 PS bei 7500/min, laut Werk in 3,8 Sekunden von null auf 100 km/h. Von 0 bis 100 km/h ist man in 3,8 Sekunden, für 200 km/h dauert es neun Sekunden. Als Top-Tempo werden 330 km/h angegeben. Das Auto wiegt trocken 1335 Kilo. Enzo und MC12 besitzen auch den gleichen Motor, der beim Ferrari aber 660 PS bei 7800/min leisten darf. Beim Drehmoment gewinnt der Enzo hauchdünn (657 Nm, MC12: 652 Nm), im Vergleich des Trockengewichts liegen die Vorteile beim 30 Kilo leichteren Maserati. Bei den Abmessungen schlägt der MC12 den Enzo deutlich: 44,3 Zentimeter länger dank des aerodynamisch günstigeren Hecks. Außerdem ist der Dreizack-Bolide alltagstauglicher – wenn dieser Begriff für solche Autos überhaupt gilt. Nette Spielerei: Das abnehmbare Dach ist serienmäßig und leicht zu bedienen.

Bauart:	Coupé/Targa
Baujahr:	2004 – 2005
Motor:	V12
Hubraum:	5998 ccm
Leistung:	632 PS
Getriebe:	Sechsgang sequenziell
Antrieb:	Hinterräder
Gewicht:	1531 Kilo
Vmax:	330 km/h

Orca C 113, R 113

Die Scharniere der Türen sind Flügelansätzen von Falken nachempfunden, die Aerodynamik stammt von Wal und Rochen: Der Orca C 113 ist das erste Supercar des Fürstentum Liechtenstein. 2004 wollen in der Ortschaft Schaan der Ingenieur Renè Beck und der Kaufmann Ralph Beck (nein, sie sind nicht verwandt) den ersten Supersportwagen bauen, der nicht mehr als 850 Kilo wiegt. Im Prototypen-Coupé steckt allerdings noch ein 2,3-Liter-Fünfzylinder von Volvo unter dem Carbonkleid. Später zieht ein Biturbo-V8 vom deutschen Tuner MTM mit 650 PS ein. Das Semi-Carbonmonocoque weicht einem aus Vollcarbon, alle Leitungen bekommen Schnellverschlüsse. Die Porsche-GT3-Bremsen werden von einer Carbon-Keramik-Variante abgelöst, das elektronische Gewindefahrwerk kann per Laptop auf spezielle Rennstrecken abgestimmt werden. Als Preis ist 300.000 Euro pro Stück angepeilt, es sollen nur 99 Coupés, 99 Roadster (R 113) und sieben Orca SC 7 (Street Competition – leichter, stärker, schneller) entstehen. Tatsächlich kommen wahrscheinlich nur drei C 113, zwei R 113 und zwei SC 7 auf die Straße.

Bauart:	Coupé, Roadster
Baujahr:	2004 – 2006
Motor:	V8-Biturbo
Hubraum:	4200 ccm
Leistung:	650 PS
Getriebe:	Siebengang halbsequenziell
Antrieb:	Hinterräder
Gewicht:	850 Kilo
Vmax:	360 km/h

Bugatti Veyron 16.4

Bugatti hat eine große Vergangenheit – und bekommt 1998 eine neue Chance, als VW die Markenrechte übernimmt. Das erste neue Modell ist der Veyron 16.4 mit 1001 PS, 16 Zylindern, vier Turboladern, Siebengang-DSG und Allradantrieb. Bugatti baut 300 Stück zum Preis von rund zwei Millionen Euro. Der Grand Sport ist die um 200.000 Euro teurere, weil offene Variante des Basismodells. Es folgen 2013 noch der Super Sport (1200 PS, 431 km/h Spitze, 530 Kilo schwerer Achtliter-W16-Zylinder, Siebengang-Doppelkupplung, 1888 Kilo schwer, in 2,5 Sekunden von 0 auf 100 km/h) und der Grand Sport Vitesse – noch edler, noch teurer. Theoretisch sind bei den Veyrons 407 km/h möglich. Praktisch erlauben das „Speed-Keys", eine Art zweiter Zündschlüssel links neben dem Fahrersitz. In normaler Einstellung erreicht der Wagen 375 km/h, mit dem Speed-Key wird der Wagen abgesenkt auf vorne 65 und hinten 70 Millimeter Bodenfreiheit, womit eine Keilform erreicht wird. Der Heckflügel wird auf Zwei-Grad-Stellung gefahren, um den Luftwiderstand zu senken, zusätzlich werden die vorderen Diffusorklappen geschlossen. So kann die Höchstgeschwindigkeit um den Preis einer weitaus schlechteren Handhabung erreicht werden. Mit seiner Top-Speed löst der Bugatti den Dauer 962 LM als schnellsten Seriensportwagen der Welt ab.

Bauart:	Coupé, Cabriolet
Baujahr:	2005 – 2015
Motor:	W16 und vier Turbolader
Hubraum:	7993 ccm
Leistung:	1001 PS, 1200 PS
Getriebe:	Siebengang-Doppel-kupplung
Antrieb:	Allrad
Gewicht:	1888 Kilo
Vmax:	375 km/h – 415 km/h

Gumpert Apollo

Roland Gumpert, Audis Ex-Motorsportchef, hat seine eigene Philosophie: „Apollo ist einerseits der Sohn des Kriegsgottes Zeus. Andererseits ist er der Gott der Schönheit. Ästhetik und Poesie – das passt." Klar, dass er daraufhin sein Auto so nennt. Sein automobiles Erstwerk aus Altenburg mit Carbon-Monocoque ist allerdings nur etwas für Puristen und rein auf Power ausgerichtet. Die Sitzschalen sind fest verschraubt, dazu gibt's innen ein bisschen Alcantara und Audi-Belüftungsdüsen. Herzstück ist ein Audi-4,2-Liter-V8-Biturbo im Rücken, der statt üblicher 335 PS hier 650 PS produziert. Kann man mit dem sehr schwergängigen Kupplungspedal umgehen, brüllt es aus dem Auspuff, die Wastegates zischen, die Mechanik kreischt. Die Fahrmaschine wiegt 1468 Kilo und verzichtet auf ESP und Airbags. Im 20 Kilo leichteren Apollo Sport legt Gumpert noch eine Schippe Kraft (und Sound) nach: 700 PS sind angesagt, die ein sequenzielles Sechsganggetriebe in Vortrieb umsetzen muss. Was es macht – 9,5 Sekunden für den Sprint von 0 auf 200 km/h ist ein guter Wert. Ein Gesamtabtrieb von fast 200 Kilogramm schon bei Tempo 200 km/h ist gut. Dafür zahlt man aber auch letztlich gut 477.000 Euro.

Bauart:	Coupé
Baujahr:	2007 – 2013
Motor:	V8-Biturbo
Hubraum:	4163 ccm, 4172 ccm
Leistung:	650 PS, 700 PS
Getriebe:	Sechsgang-Handschalter, Sechsgang sequenziell
Antrieb:	Hinterräder
Gewicht:	1448 Kilo – 1468 Kilo
Vmax:	330 km/h – 360 km/h

Tramontana R Edition, GT, XTR

Die Formel 1 hat ja schon manchen Autobauer inspiriert – Tramontana aus dem spanischen Barcelona aber ganz besonders. Der erste Tramontana kommt als Concept Car schon 2005 heraus mit anfangs 550 PS, was für 325 km/h reicht. Die 1268 Kilo schwere „R Edition" von 2009 sieht aus wie eine Kreuzung aus Formel-1-Renner und Jagdflugzeug. Wenn man die Kanzel hochklappt, ist allerdings zu sehen, dass hier sogar zwei Personen reisen können – hintereinander sitzend. Der Motor steckt vor der angetriebenen Hinterachse, zur Wahl stehen zwei Motoren – ein V10-Sauger mit 5,2 Litern Hubraum mit 660 PS oder im GT ein 5,5-Liter-V12 von Mercedes mit zwei Turboladern mit 900 PS. Schon der V10 sorgt für den Sprint in 2,8 Sekunden und für 325 km/h Top-Speed. Pro Jahr sollten nur sechs Stück entstehen, jedes benötigt 4000 Arbeitsstunden. Das Chassis sollte steifer sein als das eines modernen Formel-1-Renners. Preise: Zwischen 800.000 und 1.100.000 Euro. 2012 war XTR mit 900 PS und 344 km/h angedacht.

Bauart:	Coupé
Baujahr:	2009
Motor:	V10, V12-Biturbo
Hubraum:	5200 ccm, 5513 ccm
Leistung:	550 PS – 900 PS
Getriebe:	Sechsgang-Automatik
Antrieb:	Hinterräder
Gewicht:	1268 Kilo
Vmax:	325 km/h – 344 km/h

Frühe Hypercars

2010 – 2019

Aston Martin One-77

2010 legen die Briten den One-77 auf – ein Supercar mit 760 PS, und zu seiner Zeit das weltweit stärkste Auto. Das wiegt leer immerhin noch 1500 Kilo, obwohl es sich um eine Carbon-Monocoque-Konstruktion mit mehr als 3500 angebauten Carbon-Einzelteilen handelt. Ungewöhnlich für einen Straßenwagen ist das Fahrwerk: Es besitzt nicht nur die aus dem Rennsport bekannten doppelten Dreieckslenker rundum, sondern ebenso horizontal liegende Stoßdämpfer, so dass eine extrem flache Bauweise möglich ist. Die sind individuell einstellbar, so dass jeder Kunde die für ihn optimale Abstimmung erhält. Ganz klar: Das Auto hat als Vorbilder die Renner aus der DTM-Serie. Beim Sprint in 3,7 Sekunden von 0 auf 100 km/h brüllt der One-77 sowohl außen auch als innen wie ein Rudel eifersüchtiger Löwen. Pro Auto investiert Aston Martin 2700 Mannstunden (ein normaler Serien-Aston dauert 200 Arbeitsstunden), nur 27 Spezialisten fügten die 77 Exemplare zusammen. Auf dem Hochgeschwindigkeitsoval im italienischen Nardo misst Aston Martin 354 km/h Spitzengeschwindigkeit. Pro Stück kostete so ein Kunstwerk umgerechnet rund 1,4 Millionen Euro.

Bauart:	Coupé
Baujahr:	2010 – 2012
Motor:	V12
Hubraum:	7312 ccm
Leistung:	760 PS
Getriebe:	Sechsgang-Automatik
Antrieb:	Hinterräder
Gewicht:	1500 Kilo
Vmax:	354 km/h

Koenigsegg Agera

Als Nachfolger des Koenigsegg CC entwickelt Koenigsegg den Agera. Von 2010 bis 2018 werden insgesamt 53 Stück gebaut, und zwar in den Modifikationen Agera, S, R, RS und Final. Er basiert technisch auf dem CCX, bekommt jedoch eine neu gestaltete Karosserie, ein neues Interieur und einen neuen Motor. Das Fahrzeug hat ein Monocoque aus kohlenstofffaserverstärktem Kunststoff (KFK), um es so leicht und so verwindungssteif wie möglich zu bauen. Top-Gear wählt 2010 den Agera zum „Hypercar of the Year". Der Agera kommt mit 910 PS, der Agera R bietet schon 1140 PS. Verzögert wird mittels Carbon-Keramikscheiben. Theoretisch sind 440 km/h als Höchstgeschwindigkeit erzielbar, doch wird das Auto bei 415 km/h oder 400 km/h (für den Straßenverkehr) abgeregelt. Zwischen 2011 und 2014 wurden inklusive aller Sonderversionen 18 Agera R produziert. Mit dem Agera R Super Velocity stellt Koenigsegg am 2. September 2011 sechs Weltrekorde auf. Dazu gehören: Null bis 300 km/h in 14,53 Sekunden, 300 bis 0 km/h in 6,66 Sekunden, 0 bis 300 bis 0 km/h in 21,19 Sekunden.

Bauart:	Coupé, Roadster
Baujahr:	2010 – 2018
Motor:	V8-Biturbo
Hubraum:	5032 ccm, 5060 ccm
Leistung:	910 PS – 1360 PS
Getriebe:	Siebengang sequenziell
Antrieb:	Hinterräder
Gewicht:	1280 Kilo, 1330 Kilo
Vmax:	400 km/h – 457 km/h

Der Agera S ist technisch weitgehend gleich mit dem Agera R, jedoch mit dem Unterschied, dass die S-Version für Länder entwickelt wurde, in denen Biokraftstoffe (E85-E100) nicht allgemein verfügbar sind. So leistet der Motor des Agera S 1030 PS. Zwischen 2012 und 2014 werden insgesamt fünf Agera S hergestellt.

Der Agera RS von 2015 ist auf eine Stückzahl von 25 begrenzt. Am 11. November 2017 unterbietet der 1360 PS starke Agera RS seinen eigenen bisherigen 0–400–0-Geschwindigkeitsweltrekord im US-Bundesstaat Nevada mit einer Gesamtzeit von 33,29 Sekunden. Für die Beschleunigung von 0 auf 400 km/h benötigt er 24,0 Sekunden. Zudem stellt Koenigsegg-Werksfahrer Niklas Lilja im Agera RS mit 457,49 km/h einen Tempoweltrekord für ein Straßenauto auf.

Multimatic De Macross GT1

Ein Südkoreaner, der in Kanada einen Supersportwagen baut, der nicht so aussieht wie einer – kann das gut gehen? Es geht nicht gut. Vielleicht ist die Form zu gefällig, die sich Jahong Hur, Liebhaber der Le-Mans-Rennwagen der 1960er und 1970er Wagen, aussucht für sein Projekt namens De Macross GT1. Um die Entwicklung kümmert sich der kanadische Zulieferer Multimac, der vor allem das Aluminium-Carbon-Monocoque baut. Damit haben sie Erfahrung, zum Beispiel durch die Entwicklung des Aston Martin One-77. Der Ford-V8 als Mittelmotor ist von Nascar-Spezialisten erdacht, deswegen auch die beeindruckenden 845 PS und 1003 Nm maximales Drehmoment. Die Flügeltüren der Alu-Karosserie sind am Dach angeschlagen. 20 bis 30 Stück sollen verkauft werden – dazu kommt es aber nie. Was eben nicht nur am Preis von rund 1,5 Millionen Dollar liegen mag ...

Bauart:	Coupé
Baujahr:	2011
Motor:	V8-Kompressor
Hubraum:	5409 ccm
Leistung:	845 PS
Getriebe:	k.A.
Antrieb:	Hinterräder
Gewicht:	1450 Kilo
Vmax:	370 km/h

Pagani Huayra

Der italienische Autokünstler Horacio Pagani lässt dem Zonda – bis auf ein paar Sondersondersonderexemplaren – im Jahr 2011 den Huayra als Coupé folgen. Die Herstellung eines Exemplars dauert aufgrund der kompletten Handarbeit etwa einen Monat. Pagani bleibt seinem Konzept treu: AMG-V12 quer im Heck, der Rest ist Kunst. 2017 bringt der Italiener eine offene Version mit dem Huayra Roadster. Er bleibt seinem Plan treu, sehr kleine Serien aufzulegen und mit Sondereditionen zu würzen. Wie zum Beispiel beim Huayra BC, den er seinem allerersten Kunden Benny Caiola widmet: Der BC trägt die radikalste Huayra-Form und kommt mit völlig überarbeiteter Aerodynamik, um auch auf der Rennstrecke eine gute Figur zu machen. Das Auto wiegt nur 1218 Kilo, der V12 leistet 800 PS und 1000 Nm. Normalerweise wird der Roadster mit 764 PS befeuert. Preis: etwa 2,7 Millionen Euro. Die 100 Exemplare sind schnell verkauft. Für den Huayra Roadster berechnet Pagani 2,28 Millionen Euro ohne Steuern.

Bauart:	Coupé, Roadster
Baujahr:	seit 2011
Motor:	V12
Hubraum:	5980 ccm
Leistung:	764 PS, 800 PS
Getriebe:	Siebengang-Automatik
Antrieb:	Hinterräder
Gewicht:	1280 Kilo – 1350 Kilo
Vmax:	350 km/h, 360 km/h

14
P ZERO

SSC Tuatara

Der Tuatara folgt dem Aero, er wird 2011 präsentiert. Für den Namen hat SSC tief in die kreative Kiste gegriffen: Der Tuatara ist auf maorisch eine in Neuseeland lebende Brückenechse, es bedeutet übersetzt „stacheliger Rücken". Abgesehen davon wird das Auto nur gebaut, um das schnellste der Welt zu werden. Dafür ist es mit einem 6,9-Liter-V8 ausgerüstet, der 1369 PS und 1250 Nm leistet. Der Motor soll auch gut sein für bis zu 1774 PS.

Der SSC Tuatara soll eine Höchstgeschwindigkeit von 444 km/h erreichen. Beeindruckend sind schon jetzt die 2,5 Sekunden für den Sprint auf 100 km/h. Die Anschaffungskosten sollen sich umgerechnet auf rund mehr als 1,6 Millionen Euro belaufen. Mehr als 100 Exemplare sind nicht geplant. Gebaut wird er seit 2020 in West Richland im US-Bundesstaat Washington.

Bauart:	Coupé
Baujahr:	seit 2020
Motor:	V8-Biturbo
Hubraum:	5941 ccm
Leistung:	1369 – 1774 PS
Getriebe:	Siebengang-Handschalter
Antrieb:	Hinterräder
Gewicht:	1247 Kilo
Vmax:	475 km/h

Lamborghini Aventador

Bauart:	Coupé, Roadster
Baujahr:	2012-2022
Motor:	V12
Hubraum:	6498 ccm
Leistung:	700 PS – 770 PS
Getriebe:	Siebengang sequenziell
Antrieb:	Allrad
Gewicht:	1525 Kilo – 1625 Kilo
Vmax:	350 km/h

2012 nimmt der Supercarhersteller Lamborghini den Aventador in sein Portfolio auf. Die Karosserie besteht aus Carbon, der LP 700-4 kommt mit 700 PS und Allradantrieb. Es folgen der Aventador S (740 PS, Allradlenkung), der LP 750-4 SV (750 PS) und der SVJ. Mit 6:44,97 Minuten unterbietet der Lamborghini-Testfahrer Marco Mapelli im Juli 2018 auf der Nordschleife mit dem SVJ den bislang geltenden Rekord für Straßen zugelassene Fahrzeuge um zwei Sekunden. Das neue Supercar kommt mit 720 Newtonmetern, hat Allradantrieb, Allradlenkung und ist ausgerüstet mit der weiterentwickelten „ALA". Das bedeutet „Aerodynamica Lamborghini Attiva" und bezeichnet die aktive Luftführung, die Lambo schon im Huracan Performante einsetzt und jetzt weiterentwickelt hat. Mindestens genauso wichtig; der frei saugende V12, der im ersten Lamborghini arbeitet, der ein Leistungsgewicht von weniger als zwei Kilo pro PS (genau: 1,98 kg/PS) aufweist. Mit 1525 Kilo ist der Standard-SVJ nicht gerade ein Superleichtgewicht. Die Italiener geben 2,8 Sekunden für den optimalen Sprint auf 100 km/h und 8,2 Sekunden für 0 bis 200 km/h an. Die offene Version des Aventador basiert technisch auf dem Coupé. Auch die Höchstgeschwindigkeit und die Beschleunigung von 0 bis 100 km/h stimmen mit den Daten des Coupés überein. Beim abnehmbaren Dach handelt es sich nicht mehr um ein Stoffdach wie beim Vorgänger Murciélago, sondern um zwei separate Carbon-Dachhälften zu je sechs Kilogramm, die im Kofferraum verstaut werden können.

Ferrari LaFerrari

Mit dem LaFerrari steigen die Roten aus Maranello in den Hybrid-Supercarmarkt ein. Und wie: Erst kommt das Coupé, 2016 die offene Version „Aperta“. Beide werden angetrieben von einem 6,3-Liter-V12 sowie zwei Elektromotoren, was eine Systemleistung von 963 PS ergibt. Das Spitzenmodell ist mit dem HY-KERS-System ausgerüstet, eine direkte Ableitung aus der Formel 1. Ein E-Motor unterstützt das Doppelkupplungsgetriebe, der zweite arbeitet sich an verschiedenen Aggregaten ab und entlastet so den Hauptantrieb. Die hierfür benötigte elektrische Energie wird rekuperiert, also beim Bremsen gewonnen. Das Design stammt ausnahmsweise nicht von Pininfarina, sondern ist in der eigenen Stylingabteilung ausgebrütet worden. Auf der hauseigenen Teststrecke in Fiorano soll er mit einer Rundenzeit von 1:20 Minuten rund zwei Sekunden schneller sein als der Vorgänger Enzo Ferrari. Der Sprint wird mit drei Sekunden angegeben. Die Coupé-Serie ist auf 499 Stück limitiert – beim Produktionsanfang sind sie bereits alle verkauft. Von der offenen Version werden 210 Stück gebaut. Ein Aperta bringt bei einer Versteigerung 8,3 Millionen Euro für die Hilfsorganisation „Save the Children“ – er ist damit der teuerste neue Ferrari aller Zeiten.

Bauart:	Coupé, Roadster
Baujahr:	2013 – 2018
Motor:	V12 und zwei E-Motoren
Hubraum:	6262 ccm
Leistung:	963 PS
Getriebe:	Siebengang-Doppelkupplung
Antrieb:	Hinterräder
Gewicht:	1365 Kilo, 1430 Kilo
Vmax:	350 km/h

Lamborghini Veneno

Lamborghini stellt den Veneno als Coupé 2013 auf dem Genfer Auto-Salon vor aus Anlass des 50jährigen Firmenjubiläums. Auch Veneno ist ein Kampfstier, der 1914 seinen Peiniger endgültig erledigte. Basis ist der Aventador, hier darf der V12 aber mit 751 PS auftreten. Er ist dank Ultraleichtbau um 125 Kilo leichter als das Vorbild, was eine Beschleunigung von 0 auf 100 km/h in 2,8 Sekunden und die Höchstgeschwindigkeit mit 355 km/h möglich macht. Lambo baut ganze drei Stück zum Stückpreis von drei Millionen Euro netto. Der Roadster folgt 2015, von ihm werden immerhin neun Stück gebaut. Er wiegt 50 Kilogramm mehr als das Coupé, obwohl er gar kein Dach besitzt.

Bauart:	Coupé, Roadster
Baujahr:	2013 – 2015
Motor:	V12
Hubraum:	6498 ccm
Leistung:	751 PS
Getriebe:	Siebengang sequenziell
Antrieb:	Allrad
Gewicht:	1450 Kilo, 1500 Kilo
Vmax:	355 km/h

Mercedes-AMG SLS Electric Drive

Der E-Renner der Mercedes-Tochter ist das stärkste AMG-High-Performance-Fahrzeug aller Zeiten dank vier Elektromotoren mit einer Gesamtleistung von 751 PS und einem maximalen Drehmoment von 1000 Newtonmetern. Damit avanciert der Flügeltürer auch zum schnellsten elektrisch angetriebenen Serien-Fahrzeug der Welt zu seiner Zeit: Die Beschleunigung von null auf 100 km/h absolviert der SLS AMG Coupé Electric Drive in 3,9 Sekunden. Bei 250 km/h Spitze wird abgeregelt. Die Formel-1-Experten aus Großbritannien profitierten dabei von ihrem Know-how mit dem KERS-Hybridsystem. Die vier kompakten Permanentmagnet-Synchron-Elektromotoren können bis 13.000/min drehen. Und weil es ohne Sound nicht geht, hat AMG den „SLS eSound" entwickelt. Der ist abhängig von Fahrgeschwindigkeit, Drehzahl der E-Motoren und Lastzustand, auch spiegeln sich Fahrsituation und Fahrzeugzustand in einem dazu passenden Klangbild wider.

Bauart:	Coupé
Baujahr:	2013 – 2014
Motor:	vier E-Motoren
Hubraum:	entfällt
Leistung:	751 PS
Getriebe:	entfällt
Antrieb:	Allrad
Gewicht:	2095 Kilo
Vmax:	250 km/h

Porsche 918 Spyder

„Ein Plug-In-Hybrid an der Grenze des zu dieser Zeit Machbaren" wirbt Porsche im Jahr 2013 – und meint den 918 Spyder. Tatsächlich weist das elektrifizierte Supercar Bestwerte auf: Der 4,5-Liter-V8 aus dem Rennsport bringt 608 PS, vorne arbeitet ein E-Motor mit 129 PS, an der Hinterachse noch einer mit 156 PS – macht zusammen als Systemleistung 887 PS und 1280 Newtonmeter maximales Drehmoment. Das Auto rennt der Konkurrenz mit 345 km/h davon und sprintet in nur 2,6 Sekunden auf 100 km/h. Nur 918 Exemplare werden gebaut zum Stückpreis von 768.026 Euro, womit der 918 Spyder zu diesem Zeitpunkt das teuerste Auto aus deutscher Serienproduktion ist. Dafür gibt es aber auch zwei herausnehmbare Dachhälften aus Carbon und die Möglichkeit, die Nordschleife in 6:57 Minuten zu umrunden. Ein voller Akku reicht normalerweise für 30 Kilometer Reichweite. Nett übrigens die Optionsliste: Liquid-Metall-Lack kostet 47.600 Euro, die Lederausstattung 23.800 Euro, das Kofferset 17.731 Euro, ein in Wagenfarbe lackierter Zündschlüssel 952 Euro und die Kohlefaser-Fußmatte für den Beifahrer 1190 Euro.

Bauart:	Spyder
Baujahr:	2013 – 2015
Motor:	V8, zwei E-Motoren
Hubraum:	4593 ccm
Leistung:	887 PS
Getriebe:	Siebengang-Doppelkupplung
Antrieb:	Allrad
Gewicht:	1674 Kilo
Vmax:	345 km/h

Icona Vulcano Titanium

Der Icona ist das Ergebnis des Enthusiasmus' der Chefs eines internationalen Designbüros, die besonders die Chinesen stilistisch unterstützen. Ihr erstes Auto: Der Vulcano Titanium, der deshalb so heißt, weil es der erste Supersportwagen aus Titan ist – die Karosserie entsteht in 10.000 Stunden Handarbeit. Deswegen wird er auch ein Einzelstück bleiben. Der Motor steckt als Front-Mittelmotor vor der Vorderachse. 2013 kommt das Auto zunächst verdammt gut bestückt mit V12 und zwei E-Motoren, die zusammen 1000 PS auf die Antriebsräder loslassen sollen. 2015 steht das Auto dann in Pebble Beach – zwar noch immer mit Titan-Karosserie, aber sonst stark domestiziert mit 6,2-Liter-V8 aus der Corvette ZR1, was 680 PS und 840 Nm bedeutet. Das soll für ein Top-Tempo von 354 km/h sorgen, der Sprint kann in 2,8 Sekunden gelingen. Das Auto wird 2016 für 2,7 Millionen Dollar auktioniert. Heute ist nicht bekannt, wer sich über den Icona Vulcano Titanium in seinem Sammlerkeller freut …

Bauart:	Coupé
Baujahr:	2013 – 2015
Motor:	V8
Hubraum:	6162 ccm
Leistung:	680 PS, 1000 PS
Getriebe:	k.A.
Antrieb:	Hinterräder
Gewicht:	k.A.
Vmax:	354 km/h

McLaren P1

Als McLaren den Prototypen des Supercars P1 2012 auf dem Pariser Salon zeigt, raunt die Fachwelt: McLaren macht Ernst mit seinen angekündigten Extremsportlern. Denn erst Jahre 2009 – ganze zwei Jahre nach Gründung der Marke – beschließt McLaren, ein 350 km/h schnelles Hybridauto zu bauen, ein Supercar im Geiste des F1, aber trotzdem völlig anders. Der P1 hat zum Beispiel einen grünen E-Knopf. Der sorgt dafür, dass der V8-Biturbo stoppt und man mit rein elektrischer Kraft dahinrollt. Mehr Spaß machen aber die 737 PS des Verbrenners, die sich letztlich zu 916 PS Systemleistung addieren. Damit ist der Sprint in 16,5 Sekunden auf 300 km/h ist möglich – das sind 5,5 Sekunden weniger als beim noch immer als Benchmark gehandelten F1. Die Verzögerung von 100 km/h auf 0 klappt in nur 30,2 Metern. Übrigens: Ausnahmsweise hat McLaren beim P1 Knöpfe auf dem Lenkrad positioniert. Stückpreis: rund eine Million Euro pro Stück.

Bauart:	Coupé
Baujahr:	2013 – 2015
Motor:	V8-Turbo und E-Motor
Hubraum:	3799 ccm
Leistung:	916 PS
Getriebe:	Siebengang-Doppelkupplung
Antrieb:	Hinterräder
Gewicht:	1395 Kilo
Vmax:	350 km/h

Mazzanti Evantra

Selbst ein so Sportwagen besessener Italiener wie Luca Mazzanti kann so einen Wurf wie den Evantra nicht gleich beim ersten Versuch hinlegen – obwohl: Seine ersten beiden Werke sind auch nicht von Pappe. Der ursprüngliche Super-Schrauber Mazzanti braucht schon ein paar Jahre, um vom reinen Reparieren über das Gestalten zum Bau des eigenen Supercars zu kommen. Sein erstes Stück ist der Antas, der auf einem Maserati basiert. 2011 ist der fahrfertige Prototyp des Evantra fertig mit 751 PS aus dem überarbeiteten Siebenliter-V8 der Corvette. Seit 2016 wird am Evantra Millecavalli gebaut: 1000 PS aus einem 7,2-Liter-V8, 1210 Nm, mehr als 400 km/h schnell, der Sprint in 2,7 Sekunden, Hinterradantrieb. Fünf Stück sollen pro Jahr entstehen. Ab 2017 baut Mazzanti den 771, diesmal mit 7,4-Liter-V8 und 771 PS.

Bauart:	Coupé
Baujahr:	2013-2022
Motor:	V8-Biturbo, V8
Hubraum:	7000 ccm – 7400 ccm
Leistung:	751 PS – 1000 PS
Getriebe:	Sechsgang sequenziell
Antrieb:	Hinterräder
Gewicht:	1300 Kilo, 1350 Kilo
Vmax:	360 km/h, 400 km/h

Rimac Concept One, Concept S

Zunächst ist der Rimac Concept One ein ambitioniertes kroatisches Konzept. Das erste Supercar des Elektrospezialisten, vorgestellt 2011 in Frankfurt, ist das wohl erste elektrische Kleinserien-Supercar überhaupt und das zu seiner Zeit am besten beschleunigende ebenfalls. Es wird nur 88mal gebaut. Der allradgetriebene E-Sportler besitzt vier Elektromotoren, die 1088 PS und 1600 Nm produzieren. 2,6 Sekunden sollen bis Tempo 100 vergehen, 0-200 km/h in sechs Sekunden und 0-300 km/h in 14 Sekunden. Maximal sollen zunächst 300 km/h möglich sein, später sind es 355 km/h – beides elektronisch abgeregelt. 2016 erscheint die endgültige Version mit nun 1224 PS. Preis: etwa eine Million Dollar. Negativschlagzeilen macht der britische TV-Moderator Richard Hammond mit dem Auto im Jahr 2017, als er am Ende eines Demolaufes beim Hemberger Bergrennen die Kontrolle über das Carbon-Hypercar verliert und es in Flammen aufgeht. Normalerweise soll die Reichweite 500 Kilometer betragen. Nachfolger ist der Rimac Concept S, der 2016 vorgestellt wird. Der glänzt mit 1384 PS und 1800 Newtonmeter maximales Drehmoment. Als Höchstgeschwindigkeit werden 365 km/h angegeben.

Bauart:	Coupé
Baujahr:	2013 – 2016
Motor:	vier E-Radnabenmotoren
Hubraum:	entfällt
Leistung:	1088 PS – 1384 PS
Getriebe:	entfällt
Antrieb:	Allrad
Gewicht:	1900 Kilo
Vmax:	300 km/h – 365 km/h

Koenigsegg One:1

Es gibt (noch) nicht viele mutige kleine Supercarhersteller, die tatsächlich die Autos bauen, die sie mit großem Pomp vorstellen. Koenigsegg gehört von Anfang an zu den wenigen, die tatsächlich fertige, fahr- und sammelbare Hypercars auf die Räder stellen. Einer davon ist der 2014 vorgestellte One:1, das Schwestermodell zum Koenigsegg Agera, auf dem er basiert. Wie bei Koenigsegg üblich, gibt es Leistung satt – in diesem Fall 1360 PS, und das bei einem Gewicht von 1360 Kilo. Das bedeutet eine Leistungsgewicht von 1:1 – daher der Modellname. Die Kraft generiert ein Fünfliter-Aluminium-V8 mit zwei Turboladern. Das höchste Drehmoment beträgt 1371 Newtonmeter bei 6000 Umdrehungen, der Vortrieb endet erst bei 440 km/h. Der Motor ist als Mittelmotor hinter den Sitzen eingebaut und gibt seine Leistung über ein sequenzielles Siebenganggetriebe mit Paddelschaltung an die Hinterräder ab. Die maximale Beschleunigung liegt bei 21,5 Sekunden für 0–400 km/h, von 0 bis 100 km/h benötigt er 2,8 Sekunden. Der Bremsweg aus 100 km/h bis zum Stillstand liegt auf trockener Straße bei 28 Metern. Die Dachschale ist abnehmbar. Preis für dieses Wunderwerk der Technik: 3.330.000 Euro.

Bauart:	Coupé
Baujahr:	2014 – 2015
Motor:	V8-Biturbo
Hubraum:	5060 ccm
Leistung:	1360 PS
Getriebe:	Siebengang sequenziell
Antrieb:	Hinterräder
Gewicht:	1360 Kilo
Vmax:	440 km/h

W-Motors Lykan HyperSport

Der Lykan HyperSport ist ein Mittelmotor-Supersportwagen des 2012 im Libanon gegründeten Automobilherstellers W Motors mit Sitz in Dubai. Nur sieben Fahrzeuge werden gebaut – alle mit 780 PS und 960 Nm starkem 3,7-Liter-Boxer-Sechszylinder-Biturbo von Porsche-Tuner Ruf. Der Lykan HyperSport erreicht damit eine Spitzengeschwindigkeit von 395 km/h. Seine Scherentüren sind übrigens ungewöhnlicherweise hinten angeschlagen. Und entgegen aller Vernunft stecken im Vehikel tatsächlich Diamanten: 420 der edlen Steine befinden sich in den Titan-LEDs, weitere Glitzersteine können optional bestellt werden. 2,9 Sekunden braucht der Sonderling auf 100 km/h. Und was macht unser Freund und Familienmensch, Vin Diesel, mit so einem Wunderwerk der Technik? Er zerstört einen Lykan HyperSport in „Fast and Furious 7" durch sinnloses „Herumgehopse" in Dubai. Zum Glück aber nur im Film. Schließlich kostet so ein Auto umgerechnet 2,5 Millionen Euro.

Bauart:	Coupé
Baujahr:	2014 – 2016
Motor:	Sechszylinder-Boxer-Biturbo
Hubraum:	3746 ccm
Leistung:	780 PS
Getriebe:	Sechsgang sequenziell
Antrieb:	Hinterräder
Gewicht:	1510 Kilo
Vmax:	395 km/h

Scuderia Cameron Glickenhaus SCG 003S

Wie schön, dass es auch noch steinreiche Privatleute gibt, die sich ihre Träume eines selbstgebauten Sportwagens verwirklichen und andere daran teilhaben lassen, wie der US-Investment-Banker James Glickenhaus: Seine Firma Scuderia Cameron Glickenhaus präsentiert 2014 den SCG 003S. Das ist die Straßenversion des SCG 003C, der für die Rennstrecke gedacht ist und mit der Glickenhaus beim 24-Stunden-Rennen am Nürburgring mitmischt. Im fast fünf Meter langen Straßenauto hat er einen 4,4-Liter-Biturbo-V8 von BMW untergebracht, der 800 PS und 850 Nm leistet. Chassis und Karosserie bestehen aus Kohlefaser, was zu einem Gesamtgewicht von nur 1350 Kilo beiträgt. Das Monocoque wiegt nur 105 Kilo, mögliche Top-Speed: 350 km/h. Der Sprint gelingt in weniger als drei Sekunden, obwohl nur Hinterradantrieb zur Verfügung steht.

Bauart:	Coupé
Baujahr:	seit 2014
Motor:	V8-Biturbo
Hubraum:	4400 ccm
Leistung:	800 PS
Getriebe:	Siebengang-Doppelkupplung
Antrieb:	Hinterräder
Gewicht:	1350 Kilo
Vmax:	350 km/h

Koenigsegg Regera

2015 stellt Koenigsegg auf seinem Stand beim Genfer Salon neben einen CCV8 und Agera RS den Regera – der auf 80 Stück limitierte Bolide soll das stärkste Serienauto der Welt sein dank Hybridantrieb. Drei Elektromotoren machen Druck mit 714 PS – wenn dann noch der Fünfliter-Biturbo-V8-Verbenner mit 1115 PS dazu kommt, wird daraus eine Systemleistung von gut 1500 PS und 2000 Newtonmetern Drehmoment. Damit ist der flache Schwede wirklich der „Regent", was „Regera" auf Deutsch heißt. 1420 Kilo Gewicht wirken dabei nahezu lächerlich. Rein elektrisch hat der Regera eine Reichweite von 50 Kilometern. Statt Getriebe gibt es einen eigens entwickelten Aluminium-Drehmomentwandler mit Überbrückungskupplung. Das Chassis aus kohlenstofffaserverstärktem Kunststoff hat einen Kern mit Bienenwabenstruktur und nimmt die beiden Benzintanks mit zusammen 82 Litern Inhalt auf. Auch die Coupé-Karosserie besteht aus CFK. Sie hat zwei Scherentüren, die ebenso wie die Front- und Heckklappe elektrohydraulisch betätigt werden. Die Höchstgeschwindigkeit des Regera beträgt 410 km/h, für die Beschleunigung von 0 auf 100 km/h benötigt er 2,8 Sekunden, von 0 auf 400 km/h in 20 Sekunden. Preis: rund zwei Millionen Euro.

Bauart:	Coupé
Baujahr:	2015 – 2017
Motor:	V8-Biturbo und drei E-Motoren
Hubraum:	5065 ccm
Leistung:	1509 PS
Getriebe:	entfällt
Antrieb:	Hinterräder
Gewicht:	1420 Kilo
Vmax:	410 km/h

M-Racing Fahlke Larea GT1

Schon Ferry Porsche fand nach eigenen Angaben nicht das Auto seiner Träume, also baute er es selbst. So ähnlich muss es Markus Fahlke, Gründer und Chef von „M-racing Fahlke KFZ-Technik und Prototypenentwicklung" mit Sitz in Buchholz, Nordheide, gegangen sein. Nur dass Fahlke gleich in Hypercardimensionen denkt. Zweieinhalb Jahre dauert Entwicklung und Design, dann ist der Larea GT1 des Maschinenbauingenieurs fertig.
Das ist möglich, weil dahinter die Firma „Fahlke Control Systems" steckt, nach eigenen Angaben Marktführer für Automatisierungssysteme für Gas- und Ölpipelines weltweit. Und noch heute ist ein straßenzugelassener Larea GT1 zu haben, und zwar in vier Versionen: Als S7 mit 550 PS, als S9 mit 720 PS, als S10 mit 1004 PS und sogar als S12 Limited Edition mit 1260 PS. Reine Rennversionen kommen auf bis zu 1400 PS. Das Korsett eines Larea GT1 bildet ein aus hochfesten GT750- und GT1000-Chrom-Molybdän-Stählen gefertigter Gitterrohrrahmen. Die Fahrgastzelle wird durch ein speziell entwickeltes eingeklebtes Carbon-Monocoque geschützt und verleiht dem Larea unter anderem seine Festigkeit. Um unter einer Tonne Fahrzeuggewicht zu bleiben, wird auch bei den übrigen Bauteilen Carbon benutzt. So kommt das Auto auf gerade mal 980 Kilo Leergewicht. Kein Wunder, denn eine Sitzschale wiegt gerade einmal 2,5 Kilo.
Als Top-Modell S12 sprintet der Larea in zwei Sekunden auf 100 km/h und rennt 430 km/h. Fahlke baut entweder einen 7,2-Liter-V8-Sauger ein oder einen V8 mit Kompressor. Der GT1 S12 mit 1260 PS ist für 980.000 Euro zu haben. Selbstverständlich werden Exterieur und Interieur sämtlichen individuellen Wünschen angepasst. Nicht minder personalisiert ist der Service: Auf Wunsch kann man bei Fahlke individuelle Rennmotoren mit sequentiellen Getriebeeinheiten bekommen – inklusive Begleitung und technischer Betreuung der Rennsportaktivitäten. Wer's nicht glaubt: www.larea-gt1.de

Bauart:	Coupé
Baujahr:	seit 2014
Motor:	V8-Kompressor
Hubraum:	7200 ccm
Leistung:	1260 PS
Getriebe:	Sechsgang-Handschalter
Antrieb:	Hinterräder
Gewicht:	980 Kilo
Vmax:	bis 430 km/h

Larea GT1

Aston Martin Vulcan

Der Aston Martin Vulcan ist ein reines Track-Spielzeug. Die Karosserie des Vulcan besteht aus purem Carbon, auch andere Teile sind mit Kohlenstofffasern verstärkt. So zum Beispiel die Carbon-Keramik-Bremsscheiben von Brembo, Teile des 70 Kilogramm schweren sequenziellen Sechsganggetriebes und des Sieben-Liter-V12-Motors. Der produziert 831 PS, er ist als Frontmittelmotor eingebaut. Das Fahrwerk ist voll einstellbar. Nur 24 Stück des 1350 Kilo leichten Brechers will Aston Martin bauen – das reicht nicht mal für eine eigene Rennserie. Chefdesigner Marek Reichman zeigt mit dem Modell, wie das Gesicht der nächsten Generation von Aston Martin aussehen wird. Preis eines dieser Zukunfts-Aston: 1,92 Millionen Euro ohne Steuern.

Bauart:	Coupé
Baujahr:	2015
Motor:	V12
Hubraum:	6993 ccm
Leistung:	831 PS
Getriebe:	Sechsgang sequenziell
Antrieb:	Hinterräder
Gewicht:	1350 Kilo
Vmax:	328 km/h

Ferrari FXX K

Man kann schon durcheinanderkommen mit Ferraris Modellen – im Gegensatz zum Vorgänger FXX und 599XX basiert der FXX K, ein reines Trackday-Auto, auf dem Hybrid-Supercar LaFerrari. Das „K“ steht für das „KERS“-System, das Energie rückgewinnt. Der 6,3-Liter-V12-Sauger plus ein E-Motor sorgen für eine Systemleistung von 1050 PS. Beeindruckend die Flügeltüren und die Top-Speed von 349 km/h. Nur 40 Stück des fast fünf Meter langen Mittelmotormonsters werden gebaut. 2017 zeigt Ferrari noch den FXX-K Evo – mit 23 Prozent mehr Downforce als beim normalen FXX-K und mit 75 Prozent mehr als beim LaFerrari.

Bauart:	Coupé
Baujahr:	2015 – 2017
Motor:	V12 und Elektromotor
Hubraum:	6262 ccm
Leistung:	1050 PS
Getriebe:	Siebengang-Doppelkupplung
Antrieb:	Hinterräder
Gewicht:	1165 Kilo
Vmax:	349 km/h

Bugatti Chiron

Das neue Zweitonnen-Supercar aus dem VW-Konzern kommt 2016 ebenfalls mit Achtliter-W16 samt vier Turboladern, was diesmal aber 1500 PS und ein maximales Drehmoment von bis zu 2000 Nm für alle vier Räder bedeutet. 2,5 Sekunden sollen für 100 Meter vergehen, Top-Speed ist – elektronisch begrenzt – 420 km/h. Mit dem Speed-Key kann man wie beim Vorgänger auch die Sperre unter Bugatti-Aufsicht überwinden. Rein rechnerisch sollen 463 km/h möglich sein. Der Chiron wiegt fast zwei Tonnen. Preis: 2,4 Millionen Euro. Anzahl: 500 plus eine Menge Sonderversionen. Zwei Jahre nach der Premiere des Chiron wird auf dem Genfer Autosalon 2018 der Chiron Sport vorgestellt. Er besitzt eine geänderte Fahrwerksabstimmung und ist 18 Kilo leichter, der Preis klettert auf mindestens 2,65 Millionen Euro netto. Darauf aufbauend präsentiert Bugatti in Genf 2019 ein Einzelstück, das eine Hommage an ein verschollenes Exemplar des Bugatti Type 57 SC Atlantic sein soll. Letztendlicher Eigner: der Fußballer Cristiano Ronaldo.

Bauart:	Coupé
Baujahr:	seit 2016
Motor:	W16, vier Turbolader
Hubraum:	7993 ccm
Leistung:	1500 PS
Getriebe:	Siebengang-Doppelkupplung
Antrieb:	Allrad
Gewicht:	1995 Kilo
Vmax:	420 km/h

W-Motors Fenyr SuperSport

Als Nachfolger des hyperseltenen Lykan HyperSport bringt W-Motors den Fenyr Supersport. „Fenyr" orientiert sich am Fenris-Wolf – das ist der bösartigste Wolf in der nordischen Mythologie. Den mit Carbon karossierten SuperSport beschleunigen zuerst 800 PS und 980 Nm aus einem Sechszylinder-Biturbo-Boxer von Porsche-Tuner Ruf. Für den Sprint auf 100 km/h reichen 2,8 Sekunden, die 200-km/h-Marke ist in 9,4 Sekunden erreicht. Das Chassis ist aus Aluminium, so wiegt der weiterentwickelte Wagen nur 1415 Kilo. Das Auto ist auf 25 Stück limitiert, was sich bei einem Preis von fast zwei Millionen Dollar wohl trotzdem rentiert.

Bauart:	Coupé
Baujahr:	2016
Motor:	Sechszylinder-Boxer-Biturbo
Hubraum:	3800 ccm
Leistung:	800 PS
Getriebe:	Siebengang-Doppelkupplung
Antrieb:	Hinterräder
Gewicht:	1415 Kilo
Vmax:	400 km/h

VLF Force 1

Schon die Viper von Dodge ist der Hammer – ein typischer US-Sportler mit Lkw-Motor. Die Car-Guys Bob Lutz, Gilbert Villarreal und Henrik Fisker gründen 2016 in Amerika den Kleinserienhersteller VLN Automotive und machen aus der Dodge Viper den Force 1. Den ersten Auftritt hat das Coupé 2016 in Detroit, 2017 wird in Shanghai der dazugehörige Roadster vorgestellt. Der Viper-Motor, ein V10, leistet im Force 745 PS, damit ist der Sprint in drei Sekunden erledigt. Leider ist der nur gut 4,5 Meter lange Roadster in der Endgeschwindigkeit 15 km/h langsamer als das Coupé, das 350 km/h schafft. Optische Übereinkunft mit der Viper gibt es lediglich noch am Auspuff, der direkt vor dem Hinterrad mündet. Ansonsten hat Fisker außen überall den Stift angesetzt. Das Viper-Interieur ist allerdings geblieben. Für den Anfang sind 50 Exemplare geplant, ob es mehr wurden, ist nicht bekannt. 240.000 Euro kostet der Spaß.

Bauart:	Coupé, Roadster
Baujahr:	2016-2018
Motor:	V10
Hubraum:	8383 ccm
Leistung:	745 PS
Getriebe:	Sechsgang-Handschalter
Antrieb:	Hinterräder
Gewicht:	1450 Kilo – 1538 Kilo
Vmax:	335 km/h, 350 km/h

Lamborghini Centenario

Nein, der Centenario ist ausnahmsweise mal kein Kampfstier. Der Centenario LP 770-4 bezieht sich vielmehr auf den 100. Geburtstag von Firmengründer Ferruccio Lamborghini. Wie unschwer zu deuten, besitzt der 1520 Kilo schwere Space-Lambo, der auf dem Aventador basiert, 770 Sauger-PS, die auf alle vier Räder wirken. Basis ist der Aventador mit 6,5-Liter-V12. Umgerechnet bedeutet das: 350 km/h Spitze, 2,8 Sekunden für den Sprint. 20 Coupés und 20 1570 Kilo schwere Cabrios entstehen, und jedes Exemplar ist im Nu verkauft. Zum Stückpreis von rund 1,75 Millionen Euro plus Steuern.

Bauart:	Coupé, Roadster
Baujahr:	2016 – 2018
Motor:	V12
Hubraum:	6498 ccm
Leistung:	770 PS
Getriebe:	Siebengang-Doppelkupplung
Antrieb:	Allrad
Gewicht:	1520 Kilo, 1570 Kilo
Vmax:	350 km/h

Apollo Arrow

Roland Gumpert und Apollo sind eine unendliche Geschichte: Nachdem der ehemalige Audi-Sportchef in seiner Firma Gumpert Sportwagenmanufaktur das Hypercar Apollo gebaut hat, aber damit nicht mehr als einen Achtungserfolg setzen kann und den Laden 2012 schließen muss, gibt es jetzt vor allem mit dem chinesischen Investor Norman Choi neue Player – und die Firma Apollo Automobil GmbH mit Roland Gumpert als Geschäftsführer und Ingenieur. Erstes Auto: der Arrow, 2016 als Concept gezeigt. Der nur rund 1300 Kilo schwere Mittelmotor-Supersportler ähnelt im Design nicht mehr viel dem alten Gumpert Apollo, der einst tatsächlich als Kleinserie gebaut wird und lange Jahre den imageträchtigen Rundenrekord auf der Nordschleife hält. Ein bearbeiteter Vierliter-Twinturbo-V8 von Audi soll der stark modernisierten Neuauflage mit 999 PS zu einem Sprint in 2,2 Sekunden verhelfen sowie zum Maximaltempo von 360 km/h. Bei dem Zweisitzer steckt der Motor vor der angetriebenen Hinterachse. Die Kraft wird von einem sequenziellen Siebengang-Getriebe gebändigt. Eine Kleinserie von 100 Stück wird seit 2019 gebaut.

Bauart:	Coupé
Baujahr:	seit 2019
Motor:	V8-Biturbo
Hubraum:	3993 ccm
Leistung:	999 PS
Getriebe:	Siebengang sequenziell
Antrieb:	Hinterräder
Gewicht:	1315 Kilo
Vmax:	360 km/h

apollo

BAIC Arcfox GT

BAIC, der Joint-Venture-Partner von Daimler aus China, zeigt 2016 ein Supercar unter der Elektro-Untermarke Arcfox. Bei der Studie Arcfox 7 soll eine 66-kWh-Batterie den 4,57 Meter langen und 1755 Kilo schweren Sportwagen 420 Kilometer weit bringen. Das maximale Tempo soll 260 km/h betragen, der Sprint in immerhin 2,7 Sekunden vonstatten gehen. 2019 wird das Update präsentiert. Der rund 1850 Kilo schwere Arcfox GT kommt gleich in zwei neuen Varianten: als „Race Edition" und „Street". Während bei der Rennwagen-Variante insgesamt sechs E-Motoren 1.000 PS und 1320 Nm zur Verfügung stellen, mobilisieren die vier Motoren der Straßenversion 1600 PS und 800 Nm. Von 0 auf 100 km/h ist man in 2,59 Sekunden. Die Top-Speed gibt BAIC jetzt allerdings nur noch mit 255 km/h an. Dafür könnte die Reichweite 400 Kilometer betragen. Heute läuft unter dem Namen Arcfox leider nur noch ein nur noch SUV und ein viertüriges Coupé.

Bauart:	Coupé
Baujahr:	2018
Motor:	vier E-Motoren
Hubraum:	entfällt
Leistung:	1600 PS
Getriebe:	entfällt
Antrieb:	Allrad
Gewicht:	1840 Kilo
Vmax:	260 km/h

Ken Okuyama Cars Kode

Wer Ferrari Enzo Ferrari kann, kann auch etwas anders – zum Beispiel den Kode 57 Enji. Der Pininfarina-Designer des Ferrari und auch anderer Supersportler, Ken Okuyama, stellt 2016 seine eigene Version eines Supercars vor. Der Kode 57 Enji ähnelt durchaus Ferrari, nur dass der Roadster kein Dach besitzt. Unter der Haube steckt ein von Tuner Novitec auf 700 PS gepimpter Sechsliter-V12. Eigentlich sollte das immerhin 1633 Kilo schwere Auto ein Einzelstück bleiben, aber angeblich sind mindestens fünf Stück gebaut worden. 2017 überrascht der Designer mit seiner Fassung eines Lamborghini Aventador, dem Kode 0. Das Coupé wird von einem 700 PS starken 6,5-Liter-V12 von Lamborghini befeuert. Wegen Einsatzes von viel Carbon wiegt der stärkere Kode 0 1550 Kilo. Ob mehr Exemplare als nur das eine gebaut worden sind, ist nicht gesichert.

Bauart:	Roadster, Coupé
Baujahr:	2016, 2017
Motor:	V12
Hubraum:	5999 ccm, 6498 ccm
Leistung:	700 PS
Getriebe:	Siebengang-Automatik
Antrieb:	Hinterräder
Gewicht:	1550 Kilo, 1633 Kilo
Vmax:	ca. 340 km/h

Faraday Future FFZero1

Dass es gar nicht so einfach ist, sich als ernstzunehmender Gegner von Tesla zu positionieren, merkt Faraday Future (eine Tochter einer chinesischen Internetfirma) recht schnell. Auf der CES im Jahr 2016 zeigen die Kalifornier den Prototypen ihres reinen E-Renners FFZero1, den sie in einem neuen Werk in Nevada bauen wollen. Ihre Rechnung: eine Milliarde Dollar Investition, 4500 Arbeitsplätze schaffen, steuerliche Nachlässe von 335 Millionen Dollar einstreichen. Das futuristische Hypercar kommt mit 1000 PS – sollte ausreichend sein für die eine Person, die ins Auto passt. Im Rennlenkrad sitzt quer positioniert das Smartphone, darüber sollen sich im Einsitzer sämtliche Funktionen steuern lassen. Befeuert wird das Auto von vier Elektromotoren, der Sprint auf 100 km/h soll in etwa drei Sekunden gelingen. Top-Speed ist 320 km/h. Das moderne Batmobil könnte sogar seniorengerecht gebaut werden: Geplant ist vollautonomes Fahren – auf der Straße und auf der Rennstrecke. Seriöse Beobachter sehen in dem Projekt FFZero1 eher eine Fingerübung für Kommendes – was 2019 ins Wanken gerät, denn die Firma meldet Insolvenz an.

Bauart:	Coupé
Baujahr:	2016
Motor:	vier E-Motoren
Hubraum:	entfällt
Leistung:	1000 PS
Getriebe:	entfällt
Antrieb:	Allrad
Gewicht:	k.A.
Vmax:	320 km/h

NextEV Nio EP9

Bauart:	Coupé
Baujahr:	2016
Motor:	vier E-Motoren
Hubraum:	entfällt
Leistung:	1360 PS
Getriebe:	entfällt
Antrieb:	Allrad
Gewicht:	1735 Kilo
Vmax:	313 km/h

Der Nio EP9 wird vom chinesischen Unternehmen NextEV produziert unter Beteiligung der Formel E-Sparte des Unternehmens. Das Auto wurde in nur 18 Monaten entwickelt. Er wird von vier je 250 kW starken E-Motoren angetrieben, zwei an der Vorderachse, zwei an der Hinterachse. Insgesamt bringt es das 1735 Kilo schwere, knapp 4,9 Meter lange Auto auf 1360 PS und ein maximales Drehmoment von 1480 Newtonmeter. Auf Tempo 100 soll es in weniger als drei Sekunden sprinten, die Höchstgeschwindigkeit wird mit 313 km/h angegeben. Die Reichweite des Nio soll 427 Kilometer betragen. In 45 Minuten soll der Straßenrenner im Le-Mans-Look geladen werden können. Der EP9 ist mit einer aktiven Radaufhängung ausgerüstet, inklusive einer computergesteuerten Höhenkontrolle, die in einer Sekunde 200 Berechnungen durchführt. Das Chassis und der Body bestehen aus kohlenstofffaserverstärktem Kunststoff (KfK). Der EP9 beschleunigt von Null auf 100 km/h in 2,5 Sekunden, 200 km/h erreicht er nach 6,0 Sekunden. 300 km/h schnell ist er nach 15,9 Sekunden. Die Höchstgeschwindigkeit beträgt auf Grund des Getriebes nur 313 km/h. Innen gibt es vier Monitore: je einen im Blickwinkel von Fahrer und Beifahrer, einen in der Konsole zwischen den beiden Plätzen und einen im Lenkrad. Sechs EP9 sollen laut Nio 2017 gebaut worden sein, deren Produktionswert mit je 1,2 Millionen US-Dollar angegeben wird. Fünf wurden an Nio-Investoren verkauft. Zehn weitere EP9 sollen danach noch entstanden sein.

Techrules AT96

Der AT96 zählt zu den verrücktesten Autos, die 2016 auf dem Genfer Salon stehen: Er hat 1044 PS und einen sagenhaft niedrigen Verbrauch. Möglich mache das eine Turbinentechnik, behauptet der Erfinder Matthew Jin. AT96 steht für „Aviation Turbine" – das Kohlefaserauto ist ein Fahrzeug mit Range Extender, angetrieben von sechs Elektromotoren, die von einer Turbine mit Energie gespeist werden. Betankt mit Kerosin, Diesel oder Biogas, soll der 1044-PS-Wagen im besten Fall nur 0,18 Liter auf 100 Kilometern verbrauchen – bei einer Reichweite von 2000 Kilometern. Das klingt nach einem Wunderwagen von einem Wunderknaben. Auch die weiteren Daten sind beeindruckend: ein maximales Drehmoment von 8600 Nm und eine Höllendrehzahl von 9600 Umdrehungen. Auf Tempo 100 geht es in 2,5 Sekunden, erst bei 350 km/h wird abgeregelt. 2018 sollte das Supercar in Serie gehen. Passiert ist nichts.

Bauart:	Coupé
Baujahr:	2016
Motor:	sechs E-Motoren
Hubraum:	entfällt
Leistung:	1044 PS
Getriebe:	entfällt
Antrieb:	Allrad
Gewicht:	k.A.
Vmax:	350 km/h

Apollo Intensa Emozione

Beim zweiten Wurf von Apollo geht es noch mehr um intensive Emotionen – mit dem „Intensa Emozione". Basis ist ein Carbon-Monocoque, auch die gesamte Karosserie besteht aus Kohlefaser. Die Aerodynamik ist so gestaltet, dass bei 300 km/h ein Anpressdruck von 1350 Kilo entstehen soll. Da das gesamte Supercar nur 1250 Kilo wiegt, könnte der Wagen rein theoretisch an der Tunneldecke fahren. Ob das bequem ist, darf bezweifelt werden – statt Sitze hat der Apollo dünne Polsterchen direkt auf dem Carbon, sie sind aber an die Formen des Besitzers angepasst. Der Sprint soll in 2,7 Sekunden gelingen, Top-Tempo ist 335 km/h. Damit die Kraft zu jeder Zeit passend auf den Asphalt gebracht wird, ist die Traktionskontrolle zwölfstufig ausgelegt. Der 6,3-Liter-V12-Sauger wird von der Turiner Motorenfirma Autotecnica geliefert und leistet 780 PS bei 8500 Touren und 760 Nm bei 6000/min. Übrigens: Die dreiflutige Auspuffanlage stammt aus dem 3D-Drucker und kostet so mal eben 70.000 Euro. Renntechnik unterstreicht den Anspruch des Apollo: Brembo-Keramikbremsen, liegende adaptive Bilstein-Dämpfer. Nur zehn Stück sollen gebaut werden. Preis pro Stück der Track-Version: 2,3 Millionen Euro plus lokaler Steuer. Ob aus einem Track-Car noch eine Straßenversion entstehen wird, ist offen.

Bauart:	Coupé
Baujahr:	2017 – 2023
Motor:	V12
Hubraum:	6300 ccm
Leistung:	780 PS
Getriebe:	Sechsgang sequenziell
Antrieb:	Hinterräder
Gewicht:	1250 Kilo
Vmax:	335 km/h

Italdesign Zerouno

Italdesign gehört 2017 zwar VW, aber in ihrer Abteilung „Automobili Speciali" dürfen Vater und Sohn Giugiaro machen, was sie wollen – wenn sie für VW nicht zur Konkurrenz werden. Das tun sie mit dem Supersportler namens Italdesign Automobili Speciali Zerouno von 2017 auch nicht, obwohl er ein bisschen an einen Lamborghini erinnert. Kein Wunder: Für die Optik ist der langjährige Lambo-Designer Filippo Perini verantwortlich. Die Power für das Vollcarbonauto mit Allradantrieb und Doppelkupplung stammt von einem 5,2-Liter-V10 mit 610 PS, der den Wagen in 3,2 Sekunden von 0 auf 100 km/h katapultiert und ihn gut 330 km/h schnell macht. Man kann auch ein Sportpack ordern, das ergibt dann 800 PS. Preis in der 1,4 Tonnen schweren Basisversion: 1,5 Millionen Euro. Es werden nur fünf Stück hergestellt. 2018 gibt es eine 320 km/h schnelle offene Version, ebenfalls in nur fünf Exemplaren, für 1,9 Millionen Euro pro Stück. Netto, versteht sich. Auch hier liefern wieder Lamborghini Huracan bzw. Audi R8 die technische Plattform – auf dem Motor des Zerouno steht „Audi Sport".

Bauart:	Coupé, Roadster
Baujahr:	2017 – 2018
Motor:	V10
Hubraum:	5204 ccm
Leistung:	610 PS, 800 PS
Getriebe:	Siebengang-Doppelkupplung
Antrieb:	Allrad
Gewicht:	1400 Kilo
Vmax:	320 km/h, 330 km/h

tiviTÜRK
TV-TEAM
tivi
TÜRK
TV-TEAM
ŠKODA

Techrules Ren RS

2017 steht auf dem Genfer Salon ein neues Supercar vom chinesischen Autobauer Techrules: Der Ren RS ist ein Einsitzer mit Elektroantrieb und 870 bis zu 1305 PS und 2340 Nm. Er baut auf dem Techrules Ren auf. Das gut fünf Meter lange Auto trägt das Kürzel RS für „Rennsport", unschwer an den aerodynamischen Hilfen vorne und hinten zu erkennen. Fürs Design sind niemand anderes als die Designer Fabrizio und Giorgetto Giugiaro verantwortlich. Angetrieben wir der RS von vier bis sechs Elektromotoren: die einfachere Variante hat an jedem Rad einen E-Motor, das Top-Modell kommt hinten mit vier E-Motoren und vorne mit zwei. Damit soll der Ren RS in drei Sekunden von Null auf 100 km/h spurten und eine Höchstgeschwindigkeit von 330 km/h bzw. 350 km/h erreichen. Auch hier kommt die Antriebsenergie von einer Diesel-Turbine, die als Generator fungiert und einen 28 kWh großen Akku speist. Bei einem Tankinhalt von 80 Litern soll der Ren RS bis zu 1170 Kilometer weit kommen.

Bauart:	Einsitzer-Rennwagen
Baujahr:	seit 2017
Motor:	vier/sechs Elektromotoren
Hubraum:	entfällt
Leistung:	840 PS, 1305 PS
Getriebe:	entfällt
Antrieb:	Allrad
Gewicht:	1630 Kilo
Vmax:	330 km/h, 350 km/h

Arrinera Hussarya

Vielleicht hat es die beiden Brüder Marek und Lukasz Tomkiewicz geärgert, dass Polen nicht im Supercargeschäft vertreten ist – jedenfalls gründen sie 2008 Arrinera Automotive mit dem Ziel, einen Mittelmotorsportler mit viel Kraft, Hinterradantrieb und den Anlagen zum GT-Rennwagen zu bauen. Mit Hilfe des britischen Sportwagenspezialisten Lee Noble stellen sie 2016 ihren 430 bis 560 PS starken Hussarya GT vor, seit 2017 wird er verkauft. Natürlich gibt es auch eine Straßenversion: Außen dominiert Carbon, innen arbeitet ein 6,2-Liter-V8 von GM mit 650 PS und 820 Nm. Der Sprint wird mit 3,2 Sekunden angegeben, das Fahrwerk arbeitet aktiv mit. Den Preis muss man wohl mit den Brüdern persönlich aushandeln. Kurz nach dem GT schieben sie den Hussarya 33 nach, eng verwandt mit der Basis. Er verfügt über aktive Aerodynamik- und Fahrwerkeinstellungen. Innen überzeugen Leder und Sichtcarbon. Könnte sein, dass das alles nur Fingerübungen sind für den nächsten Wurf – einen Hussarya Electric...

Bauart:	Coupé
Baujahr:	seit 2017
Motor:	V8
Hubraum:	6162 ccm
Leistung:	430 PS – 650 PS
Getriebe:	Sechsgang-Handschalter
Antrieb:	Hinterräder
Gewicht:	1300 Kilo
Vmax:	340 km/h

Hybrid Kinetic Group H600

Dass auch Limousinen zum Supercarsegment gehören könne, beweist die Hybrid Kinetic Group aus Hongkong gemeinsam mit der italienischen Designschmiede Pininfarina. Das Ergebnis ist die Luxuslimousine H600, das erste Komplettfahrzeug der Gruppe – allerdings nur als 1870 Kilo schweres Concept Car. In ihm stecken zwei Elektromotoren samt Allradantrieb mit Torque Vectoring. Als Range Extender kommt eine Mikroturbine zum Einsatz. Die Gesamtleistung soll 815 PS betragen, die den H600 in 2,9 Sekunden von Null auf 100 km/h katapultieren. Top-Speed sollen abgeregelte und sozialverträgliche 250 km/h betragen. Die Reichweite wird, inklusive Range Extender-Nutzung, mit mehr als 1000 Kilometer angegeben. Das 5,20 Meter lange Stufenheckmodell mit einem Grill, der deutlich an Maserati erinnert, setzt auf ein durchgehendes Lichtband und Chromspangen am Heck sowie gegenläufig öffnende Türen ohne B-Säulen. Fünf Menschen können mitreisen, dabei bleibt noch ein Kofferraumvolumen von 500 Litern.

Bauart:	Limousine
Baujahr:	2017
Motor:	zwei E-Motoren
Hubraum:	entfällt
Leistung:	815 PS
Getriebe:	entfällt
Antrieb:	Allrad
Gewicht:	1870 Kilo
Vmax:	250 km/h

Bugatti Divo

So eine Firma, die nur ein einziges Modell im Portfolio führt, hat es verdammt schwer. Da bleibt nichts anderes übrig, als immer wieder neue Sondermodelle zu zeigen – und seien es Einzelstücke für exaltierte Kunden mit dem etwas besonderen Geschmack. So ist der Bugatti Divo eigentlich ein Chiron, weswegen jetzt der Antrieb mit W16-Quattroturbo, 1500 PS und Allradantrieb nicht wirklich verwundern. Immerhin hat er etwas abgespeckt – 35 Kilo sollen den Leichtbaumaßnahmen zum Opfer gefallen sein. Doch es bleiben immer noch 1960 Kilo übrig, die allerdings in 2,4 Sekunden von 0 auf 100 km/h beschleunigt werden. Top-Speed ist auf 380 km/h begrenzt wegen des erhöhten Radsturzes. Bugatti hat die Aerodynamik kräftig überarbeitet, unter anderem ist der Heckspoiler um 23 Prozent größer als beim normalen Chiron. Das gute Stück ist auf 40 Exemplare limitiert und nach dem französischen Rennfahrer Albert Divo benannt, der mit dem Bugatti T35 in den Jahren 1928 und 1929 die legendäre Targa Florio gewann. Der Kaufpreis beträgt etwa fünf Millionen Euro.

Bauart:	Coupé
Baujahr:	2018
Motor:	W16 mit vier Turboladern
Hubraum:	7993 ccm
Leistung:	1500 PS
Getriebe:	Siebengang-Doppelkupplung
Antrieb:	Allrad
Gewicht:	1960 Kilo
Vmax:	380 km/h

Bauart:	Coupé
Baujahr:	2018
Motor:	V8-Biturbo
Hubraum:	4163 ccm
Leistung:	700 PS
Getriebe:	Siebengang sequenziell
Antrieb:	Hinterräder
Gewicht:	1200 Kilo
Vmax:	360 km/h

Apollo N

Der Antrieb von Enthusiasten, die Supersportwagen bauen, ist oft der gleiche: das schnellste straßenzugelassene Auto der Welt zu kreieren. Das soll auch für den Apollo N gelten, die neue Version des Gumpert Apollo, gebaut von der chinesisch finanzierten Firma Apollo im oberbayerischen Denkendorf unter der Leitung von Ex-Audi-Sportchef Roland Gumpert. Der N ist ein 700 PS und 880 Nm starkes Supercoupé mit einem Namen, der auf den Nürburgring verweist. Im Focus sind eine Spitzengeschwindigkeit von 360 km/h, der Sprint in weniger als drei Sekunden. Möglich macht das ein 4,2-Liter-V8-Biturbo von Audi. Die Kraft wird nur an die Hinterräder geleitet.

McLaren Senna

800 PS auf den Hinterrädern, 800 Newtonmeter maximales Drehmoment und 800 Kilo Abtrieb – kann man machen. Und ehrlich gesagt, muss man auch machen, wenn man es kann. Der Senna ist seinerzeit das einzige Mitglied von McLarens Top-of-the-Line-„Ultimate Series" und Nachfolger des P1 (und gewissermaßen damit auch des F1). Der F1 war das erste Straßenauto mit Groundeffekt – der Senna treibt die Bodenhaftung jetzt auf die Spitze dank seines „RaceActive Chassis Control II". Das bedeutet „form follows function" oder „alles ist der Aerodynamik untergeordnet" oder „es geht nicht um Eleganz, sondern um Rasanz". So sollen die möglichen Kurventempi gefühlt höher liegen als die Messlatte, die der Pilot sich setzt. Für eine (lange) Gerade verspricht der Senna mit seinem Vierliter-Biturbo-V8 eine Höchstgeschwindigkeit von 335 km/h, der Sprint von 0 auf 100 km/h soll bei optimalen Bedingungen in 2,8 Sekunden klappen. 200 km/h kann er in 6,8 Sekunden erreichen, 300 km/h in 17,5 Sekunden. Das Auto wiegt trocken nur sensationelle 1198 Kilo. Die Leichtigkeit des Seins erreicht der Senna dank eines Carbon-Monocages kombiniert mit einer Vollcarbon-Karosserie und viel Feinarbeit. Das gibt's für mindestens 922.250 Euro und nur für 500 Glückliche.

Bauart:	Coupé
Baujahr:	2018 – 2019
Motor:	V8-Biturbo
Hubraum:	3994 ccm
Leistung:	800 PS
Getriebe:	Siebengang-Doppelkupplung
Antrieb:	Hinterräder
Gewicht:	1198 Kilo
Vmax:	335 km/h

Brabham BT62

Jack Brabham ist dreimaliger Formel-1-Weltmeister, sein Sohn David gewinnt in Le Mans 2009. Klar, dass so eine motorsportbegeisterte Familie auch mal selbst ein Supercar auf die Räder stellen will. David Brabham tut das 2018 mit dem BT62. Sein Mittelmotor-Sportler kostet 1,15 Millionen Euro netto pro Stück, die Straßenversion nochmal 167.000 Euro zusätzlich. Dafür bekommt der BT62 unter anderem mehr Bodenfreiheit, einen kleineren Wendekreis, eine Klimaautomatik und ein anderes Interieur – jedenfalls eines, das den Namen verdient. Außen fallen besonders der mächtige Carbon-Heckspoiler und seine T-förmige Rückleuchten auf. Die völlig nach aerodynamischen Gesichtspunkten gestaltete Karosserie soll für einen Abtrieb von bis zu 1,2 Tonnen sorgen – womit der BT62 eines jener Fabelwesen ist, das theoretisch in einem Tunnel an der Decke fahren könnte. Denn vor der Hinterachse wartet ein 5,4 Liter großer V8-Saugmotor auf Arbeit, der 710 PS und 667 Nm anbietet. Der Hammer: Das ganze Auto wiegt nur 972 Kilo – was ein Leistungsgewicht von 1,37 Kilo pro PS bedeutet. Nur 70 Exemplare entstehen.

Bauart:	Coupé
Baujahr:	2018-2024
Motor:	V8
Hubraum:	5387 ccm
Leistung:	710 PS
Getriebe:	Sechsgang sequenziell
Antrieb:	Hinterräder
Gewicht:	972 Kilo
Vmax:	k.A.

Engler F.F. Superquad

Wie schön, dass es so viele Träumer gibt – wie Victor Engler. Der Mann denkt angeblich seit er zehn Jahre alt ist daran, sein eigenes Vehikel zu bauen. Und das soll einzigartig sein und eine aufregende „Driving Experience" versprechen. Zum Genfer Salon 2019 hat er seine Vision verwirklicht – mit dem F.F. Superquad. Tatsächlich: Obwohl das Fahrzeug mit 4,67 Meter Länge die eines ausgewachsenen Autos aufweist, ist sein Supercar ein Quad mit 2,65 Metern Radstand. Tatsächlich sitzt man wie auf einem normalen Quad in einem Sattel zwischen den Achsen und Rädern, soll aber hier den Sprint auf 100 km/h in 2,5 Sekunden genießen. Dabei soll ein V10 helfen, der 800 PS leistet. Bei 800 Kilo Fahrzeuggewicht dank viel Carbon hat also jede Pferdestärke mit nur einem Kilo Gewicht zu tun. Klingt tatsächlich aufregend ...

Bauart:	Quad
Baujahr:	seit 2019
Motor:	V10
Hubraum:	5200 ccm
Leistung:	800 PS
Getriebe:	k.A.
Antrieb:	k.A.
Gewicht:	800 Kilo
Vmax:	350 km/h

Puritalia Berlinetta

Einigen Insidern ist der Name Puritalia noch vom Modell 427 Roadster aus dem Jahr 2012 bekannt. 2019 hat sich der kleine italienische Hersteller auf dem Genfer Salon mit einem neuen Projekt gemeldet, dem Puritalia Berlinetta. Das ist ein 4,5 Meter langes Coupé mit Kompressor-V8, der allein schon für 750 PS sorgt. Hinten arbeitet zusätzlich ein Elektroantrieb, zusammen wird eine Systemleistung von 965 PS und 1248 Newtonmeter genannt. Rein elektrisch soll der Sportler allerdings nur 20 Kilometer schaffen können. Wichtiger ist, dass das Auto in 2,7 Sekunden von Null auf 100 km/h sprinten kann – schneller als ein Formel-E-Renner. Mit elektronisch abgeregelten 335 km/h ist der Puritalia ebenfalls wesentlich schneller. Das nur 150 Kilo wiegende Chassis besteht aus Aluminium und Carbon, die Karosserie ist vollständig aus Carbon. Der plastiklose Innenraum glänzt durch Knopf- und Schalterlosigkeit, alle Funktionen werden über einen Touchscreen gesteuert. Geplant ist eine auf 150 Stück limitierte Kleinserie, pro Stück sollen 465.000 Euro netto bezahlt werden.

Bauart:	Coupé
Baujahr:	seit 2019
Motor:	V8-Kompressor und E-Motor
Hubraum:	5000 ccm
Leistung:	965 PS
Getriebe:	Siebengang-Automatik
Antrieb:	Allrad
Gewicht:	1410 Kilo
Vmax:	335 km/h

Lamborghini Sián

Gehen Lamborghini etwa die Kampfstiere aus? Denn auch das neue Modell von 2019, der Sián, hat seinen Namen von etwas ganz anderem: Sián bedeutet in einem bolognesischen Dialekt „Blitz" und bezieht sich auf den ersten elektrischen Antrieb in einem Serien-Lambo. Nebenbei ist der Sian 2019 natürlich der schnellste Lamborghini aller Zeiten. Das schafft er dank V12 mit Einlassventilen aus Titan, was schon 812 PS ausmacht. Hinzu kommt ein 48-Volt-Elektromotor mit 34 PS im Getriebe, um das Ansprechverhalten zu verbessern. Damit wird zum ersten Mal in einem Niederspannungs-Hybridfahrzeug eine direkte Verbindung zwischen dem Elektromotor und den Achsen hergestellt. Statt einer Lithium-Ionen-Batterie arbeitet der Sián mit einem Superkondensator. 819 System-PS erlauben den Sprint von 0 auf 100 km/h in 2,8 Sekunden und eine Höchstgeschwindigkeit von 350 km/h. Da 1963 das Gründungsjahr von Lamborghini ist, werden nur 63 Einheiten Stück gebaut zum Preis von je gut zwei Millionen Euro. Der Ausstellungs-Sián auf der IAA 2019 hat übrigens die Zusatzbezeichnung FKP 37 – zu Ehren von Ferdinand K. Piëch und seinem Geburtsjahr, der in diesem Jahr stirbt.

Bauart:	Coupé
Baujahr:	2019 – 2022
Motor:	V12 und E-Motor
Hubraum:	6498 ccm
Leistung:	819 PS
Getriebe:	Siebengang sequenziell
Antrieb:	Hinterräder
Gewicht:	k.A.
Vmax:	350 km/h

Moderne Hypercars

Arash AF10

Bauart:	Coupé
Baujahr:	2016
Motor:	V8-Kompressor und vier E-Motoren
Hubraum:	6162 ccm
Leistung:	2080 PS
Getriebe:	Sechsgang-Handschalter/ Sechsgang-Automatik
Antrieb:	Allrad
Gewicht:	1200 Kilo
Vmax:	360 km/h

Es gibt Menschen, die verfolgen stets ihren Traum – auch wenn der Weg meistens aus Rückschlägen besteht. Arash Farboud ist so einer. Der Brite mit arabischen Wurzeln engagierte sich zuerst 1999 mit der Firma Farboud Limited und baute ein paar Exemplare des Sportlers Farboud GTS. 2009 stellte er sich neu auf – und schuf mit seiner neuen Firma Arash Motor Company den Supersportwagen Arash AF8. Er nutzte Kohlefaser für Chassis und Karosserie und einen Siebenliter-Corvette-V8 als Antrieb, der 550 PS und 645 Nm leistete. Als Getriebe fungierte ein Sechsgang-Handschalter von Graziano. Das alles sollte nur 1200 Kilo wiegen, was den Sprint in 3,5 Sekunden ermöglichte. Die Top-Speed gab er mit 360 km/h an. 70 Stück sollten gebaut werden, ein Nachweis darüber fehlt.
Der erste Arash AF10 erblickt dann im Jahr 2010 das Licht der Welt – mehr als 1000 PS stark, aber das Auto kommt über den Prototypenstand nicht hinaus. 2016 zeigt Farboud eine neue Powerversion des AF10 auf dem Genfer Salon mit nun 2080 PS und 2279 Nm maximalem Drehmoment. Ein 6,2-Liter-Kompressor-V8 aus einer Corvette sorgt allein schon für 900 PS. Der wird unterstützt von vier Elektromotoren – zwei vorne, zwei hinten. Die Kraft wird über ein Sechsgang-Handschaltgetriebe auf alle vier Räder übertragen, auf Wunsch soll aber auch eine Sechsgangautomatik zu haben sein. Preis: 1,4 Millionen Euro. Inklusive sind Schmetterlingstüren, die den Blick in einen jedoch recht kargen Innenraum zulassen. In jedem Fall soll der Arash AF10, vorne auf 19-Zöllern und hinten auf 20-Zöllern stehend, in 2,8 Sekunden auf 96 km/h (60 Meilen pro Stunde) spurten. Von 0 bis 200 km/h sollen weniger als acht Sekunden vergehen, von 0 bis 300 km/h weniger als 27 Sekunden. Top-Speed soll weit mehr als 360 km/h betragen – was man bei solch sagenhafter Kraft durchaus auch erwarten darf. Auch eine Variante für die Rennstrecke soll zu haben sein. Bislang allerdings ist uns keines dieser Hypercars – sei es nun auf öffentlichen Wegen oder auf der Piste – begegnet.

Vanda Electrics Dendrobium D-1

Der rein elektrische Vanda Electrics Dendrobium ist eine Koproduktion von Ingenieuren aus Singapur mit dem Williams-F1-Entwicklungs-Team. „Dendrobium" ist dabei der Name einer Orchideen-Art in Singapur – die Art, wie der Wagen seine Türen und sein Dach öffnet, soll daran erinnern. Das Design stammt vom englischen Design-Professor und McLaren-F1-Stylist Peter Stevens. Chassis und Karosserie sind aus Kohlefaserlaminat geformt, insgesamt kommen viele superleichte Verbundwerkstoffe und Legierungen zum Einsatz. Auch wenn trotzdem 1750 Kilo zusammenkommen, haben vier E-Motoren – je Achse zwei – kein Problem mit dem Vortrieb, denn sie generieren zusammen 1800 PS und 2000 Nm Drehmoment. Als Akku kommt ein Lithium-Ionen zum Einsatz. Maximal soll der Dendrobium gut 320 km/h schnell sein, die 100 km/h-Marke soll nach 2,7 Sekunden fallen. 2022 ist der D-1 zum Preis von umgerechnet gut 1,3 Millionen Euro auf den Markt gekommen, pro Jahr sollen je 50 Exemplare folgen.

Bauart:	Coupé
Baujahr:	seit 2017
Motor:	vier E-Motoren
Hubraum:	entfällt
Leistung:	1800 PS
Getriebe:	entfällt
Antrieb:	Allrad
Gewicht:	1750 Kilo
Vmax:	320 km/h

Aspark Owl

Bauart:	Coupé
Baujahr:	seit 2020
Motor:	vier E-Motoren
Hubraum:	entfällt
Leistung:	2012 PS
Getriebe:	entfällt
Antrieb:	Allrad
Gewicht:	860 Kilo
Vmax:	400 km/h

Die Verantwortlichen der japanischen Firma Aspark nahmen 2017 den Mund ganz schön voll: Ihre Eule („Owl") sollte den Sprint von 0 auf 100 km/h in 1,69 Sekunden schaffen. Das war eine mutige Ansage, auch wenn anfangs nur 860 Kilo Gewicht auf 436 rein elektrisch erzeugte PS und 760 Newtonmeter trafen. Nach genau zwei Sekunden sollte der Sportwagen bei der ersten Messung eine Geschwindigkeit von 105,06 km/h, bei der zweiten 103,32 km/h erreicht haben. Damit war der Wagen zwar nicht das „schnellste Auto der Welt", wie Aspark lange auf seiner Website warb, denn 280 km/h Spitze waren nicht umwerfend. Aber die Beschleunigung sollte beeindruckend sein. Spätestens nach 180 Kilometern Reichweite musste man aber aus dem superflachen Renner mit Le Mans-Anmutung wieder aussteigen.

Danach bastelten die Japaner dann aber doch noch etwas am Antrieb, so dass aktuell vier E-Motoren für deutlich gesteigerte 2012 PS sorgen. Hinzu kommen 2000 Newtonmeter maximales Drehmoment, eine mögliche Topspeed von 400 km/h und 450 Kilometer Reichweite. All das stecken die Japaner in ein Auto, das mit einer Höhe von nur 99 Zentimetern nach eigenen Angaben das niedrigste Hypercar mit Straßenzulassung ist.

Tatsächlich ist das Auto mit seiner flachen Bauart eher etwas für schlanke, junge und biegsame Menschen. Die Nase des Owl streckt sich weit und flach nach vorne, auf dem ebenfalls langgestreckten Heck sitzt ein mächtiger Flügel, unten flankiert von einem Diffusor. Die Scherentüren sind im Dach angeschlagen – wohl die einzige echte Einstiegshilfe. Die Karosserie besteht aus Sichtcarbon. Insgesamt 50 Stück des Aspark Owl sollen gebaut werden zu einem Preis von 5,1 Millionen Dollar pro Stück.

Zenvo TSR-S

Bauart:	Coupé
Baujahr:	2017
Motor:	V8-Bikompressor
Hubraum:	5800 ccm
Leistung:	1177 PS
Getriebe:	Siebengang sequenziell
Antrieb:	Hinterräder
Gewicht:	1495 Kilo
Vmax:	325 km/h

Von den Dänen hört man nicht viel – keine Aufreger, keine Skandale, keine weltbewegenden Dramen. Da kann sich dann doch mal ein Supercar-Hersteller Gehör verschaffen, oder? Der heißt Zenvo Automotive, gegründet 2007, und belässt es beileibe nicht bei einem Modell. Die zwei Gründer sind Troels Vollertsen und Jesper Jensen. Die Firma sitzt auf Seeland in dem Ort Presttø. Chefdesigner Christian Brandt und sein Team lassen sich von der reichen Geschichte des dänischen Designs inspirieren, zum Beispiel von den Prinzipien des Meisters Arne Jacobsen, der sich auf die Verwendung von negativem Raum konzentriert. 2009 kommt der erste Zenvo-Prototyp mit 6,8-Liter-V8 samt zweier Kompressoren mit 1104 PS sowie 1430 Newtonmeter im Race-Modus (es gibt zwei weitere Fahrprogramme, dort steht aber nicht so viel Kraft zur Verfügung). Für die Kraftübertragung an die Hinterräder ist ein F1-Siebenganggetriebe zuständig. Dieser selbst entwickelte Antriebsstrang ist das Herzstück aller Zenvo-Autos bis hin zum aktuellen Zenvo TSR-GT.

Der TSR-S wird 2018 auf dem Genfer Autosalon vorgestellt und ist eine Kombination aus dem TS1 GT und dem vorherigen TSR-Modell. Der TSR-S besticht besonders durch seine aerodynamische Technologie, die die Stabilität und das Kurvenfahren bei hohen Geschwindigkeiten verbessert: der aktive mehrachsige „Centripetal Wing". Beim Bremsen erzeugt der Flügel als zusätzlichen Luftwiderstand eine Art Luftbremse, während er in Kurven für Abtrieb sorgt. Der seitliche Anstellwinkel kann um bis zu 20 Grad verändert werden. Der Sprint des Mittelmotor-Sportlers mit Siebengang-Getriebe von 0 auf 100 km/h klappt in 2,8 Sekunden, von 0 auf 200 km/h dauert es 6,8 Sekunden. Das Top-Tempo beträgt 325 km/h.

Artega Scalo Superelletra

2018 wird Artega chinesisch unterstützt: Der Artega Scalo Superelletra ist ein Dreisitzer und nun ein Hypercar. Das bedeutet 1278 PS Spitzenleistung und 1620 Newtonmeter maximales Drehmoment. An jeder Achse des Dreisitzers sind zwei E-Motoren montiert. Das Lithium-Ionen-System soll 120 kWh leisten, eine Nominalspannung von 800 Volt liefern und eine Reichweite von rund 500 Kilometern garantieren. Das bedeutet 2,7 Sekunden für den Sprint, als Top-Tempo sind 300 km/h vorgesehen. Das Design stammt von Touring Superleggera aus Mailand, die Technik im Wesentlichen von Frers Firmen Paragon, dem Zulieferer für Autoelektronik, und Voltabox, dem Hersteller von Batteriesystemen. Die Sitze sind in einer Art umgekehrtem V angeordnet mit dem Fahrer vorn und den beiden Passagieren schräg hinter ihm. Ob wirklich 50 Exemplare – oder auch nur ein Bruchteil davon – ausgeliefert wurden, entzieht sich unserer Kenntnis. Allerdings wurde die Firma 2022 von Electric Brands aus Itzehoe übernommen, die nun mit dem Karo das genaue Gegenteil eines Hypercars baut: eine elektrische Isetta ...

Bauart:	Coupé
Baujahr:	2018 – 2022
Motor:	vier E-Motoren
Hubraum:	entfällt
Leistung:	1278 PS
Getriebe:	entfällt
Antrieb:	Allrad
Gewicht:	1850 Kilo
Vmax:	300 km/h

Alieno Arcanum

Aus Bulgarien kommt der Alieno Arcanum – er wird 2018 erstmals vorgestellt. Alieno? Richtig, hier steckt „Alien" dahinter. Das Hypercar ist ebenso wie das Monstrum im gleichnamigen Hollywood-Blockbuster alles andere als zurückhaltend – was vielleicht an den wahnwitzigen Performancedaten liegt. Das Auto soll bis zu 5221 PS und 8880 Nm bekommen. Allerdings sollen auch drei schwächere Versionen zu haben sein. Das Topmodell RP5 soll von sechs Elektromotoren angetrieben werden – pro Rad. Das Gewicht soll rund drei Tonnen betragen, die Höchstgeschwindigkeit bei 488 km/h liegen. Jedes Modell soll es in einer Race-, Track- und Straßenvariante geben. Das Chassis besteht aus Kevlar, Carbon und Aluminium. Ein Kevlar-Carbonmix ist für die Karosserie zuständig. Viele aktive Aero-Elemente sollen das Hypercar am Boden halten. Wie so oft bei solchen Hypercars fehlt jetzt nur noch der Beweis. Immer hin wird schon ein Preis genannt: ab 750.000 Euro.

Bauart:	Coupé
Baujahr:	2018
Motor:	24 E-Motoren
Hubraum:	entfällt
Leistung:	5221 PS
Getriebe:	entfällt
Antrieb:	Allrad
Gewicht:	ca. 3000 Kilo
Vmax:	488 km/h

Hennessey Venom F5

Schon 2017 zeigt Hennessey Performance seinen ersten Entwurf des Venom F5 – wieder so ein Brecher des autoherstellenden US-Tuners. Die Serienversion folgt im Dezember 2020. Benannt ist das Hypercar nach der Tornado-Stufe F5, die für den Windbereich von 419 bis 512 km/h gilt. Kein Wunder, dass die Amerikaner die Höchstgeschwindigkeit mit 482 km/h angeben. Der höchste Gang ist sogar so ausgelegt, dass theoretisch 534 km/h möglich sein sollen.

Bauart:	Coupé, Roadster
Baujahr:	seit 2019
Motor:	V8-Biturbo
Hubraum:	6555 ccm
Leistung:	1842 PS
Getriebe:	Siebengang-Halbautomatik
Antrieb:	Hinterräder
Gewicht:	1406 Kilo
Vmax:	528 km/h

Das Hypercar aus Houston gibt es als F5 Coupé, F5 Revolution Coupé, F5 Roadster, F5 M Roadster und F5 Revolution Roadster. Ihnen gemein ist ihr ungefähres Gewicht von 1385 Kilo und der Antrieb: ein 1817 PS und 1617 Nm starker 6,6-Liter-Biturbo-V8. Die Kraft wird von einem automatisierten Siebengang-Schaltgetriebe oder, beim M Roadster, von einem Sechsgang-Handschalter an die Hinterräder abgegeben. Alles zusammen soll Freude bereiten dank eines Sprints von 0 auf 100 km/h in 2,6 Sekunden, 0 bis 200 km/h in 4,7 Sekunden von 0 – 300 km/h in 8,4 Sekunden und von 0 – 400 km/h in 15,5 Sekunden. Wahrlich ein Hypercar.

Vom Roadster werden nur 30 Exemplare gebaut. Basispreis: drei Millionen US-Dollar netto. Von dem Leichtbaucoupé Revolution, eine Version für die Rennstrecke dank viel Abtrieb, aber trotzdem straßenzulassungsfähig, sollen nur 24 Exemplare gebaut werden. Die offene Version des Revolution wird 2023 gezeigt – davon sind nur zwölf Exemplare geplant. Das Chassis eines F5 besteht aus mit Kohlenstofffasern verstärktem Kunstharz (KFK) und wiegt nur 86 Kilo. Auch die Karosserie und Teile der Innenausstattung bestehen aus KFK. Skurril: Da der Venom F5 ohne Airbags ausgestattet ist, darf er in den USA nur mit einer Show-or-Display-Zulassung angemeldet werden, weshalb die jährliche Fahrleistung dort auf 2500 Meilen begrenzt ist. Ganz ungefährlich scheint das Tempo nicht zu sein: Anfang Juli 2024 verliert ein Testfahrer bei etwa 400 km/h die Kontrolle über einen Venom F5 und verunglückt. Nach offiziellen Angaben ist ihm aber nichts passiert.

Corbellati Missile

Bauart:	Coupé
Baujahr:	2019
Motor:	V8-Biturbo
Hubraum:	9000 ccm
Leistung:	1824 PS
Getriebe:	Viergang-Automatik
Antrieb:	Hinterräder
Gewicht:	1500 Kilo
Vmax:	500 km/h

„Wir sind die Familie Corbellati", beginnt die Vorstellung des Entwicklers des Corbellati Missile, seit 70 Jahren Künstler und Kunstliebhaber in Sachen Juwelen. Die jüngste Generation sucht mit dem Hypercar neue Herausforderungen, „um im Namen der Familientradition weiterzumachen. Unser Ziel ist es, ein Auto mit einzigartiger Leistung und einzigartigem Design zu schaffen, genau wie ein Juwel."
Ehrlich gesagt: Wie bei vielen anderen Enthusiasten auch soll der Corbellati Missile der schnellste Sportwagen aller Zeiten werden, physisch sichtbar erstmals im Jahr 2018 auf dem Genfer Salon: „Rakete, das ist der Name. Wir wählten einen einfachen Namen, der unsere Absicht deutlich vermittelt: das schnellste Auto der Welt zu bauen. Das Ziel, das wir uns gesetzt haben, ist sehr hoch, und ohne Zweifel für die meisten Menschen scheint es, als würden wir nur Berühmtheit erlangen wollen – aber hinter diesem Ziel gibt es monatelange Berechnungen über die Aerodynamik, um 500 km/h zu schaffen und zu überschreiten." Dafür soll ein Neunliter-Mercury-V8-Biturbo-Bootsmotor sorgen, der 1824 PS und 2350 Nm leistet und den 1,5 Tonnen schweren und knapp 4,7 Meter langen Wagen antreibt. Chassis und Karosserie sollen aus Carbon bestehen, großes Flügelwerk soll nicht nötig sein. Befehligt wird die Kraft über ein manuelles Sechsganggetriebe. Die Energievernichtung übernehmen Carbon-Keramik-Bremsen. Tolle Daten – mehr ist allerdings vom Auto aus dem Goldschmied- und Künstlerhaus Corbellati noch nicht bekannt.

Lvchi Venere

Bauart:	Limousine
Baujahr:	2019
Motor:	vier E-Motoren
Hubraum:	entfällt
Leistung:	1012 PS
Getriebe:	entfällt
Antrieb:	Allrad
Gewicht:	2100 Kilo
Vmax:	286 km/h

Ein neuer Player im Hypercar-Pool will die chinesische Firma Lvchi Auto mit dem Lvchi Venere sein – entstanden in Kooperation mit der italienischen Designhochschule I.DE.A. Lvchi hat seinen Sitz in Shanghai und macht sein Geld üblicherweise mit „normalen" Elektroautos auf drei verschiedenen Plattformen (S, M und CC).

Der viersitzige, 1012 PS starke Venere soll hauptsächlich zeigen, was alles machbar ist. Vorgänger war ein viertüriges Coupé mit Elektroantrieb namens Urano. Es war mit 700 PS etwas schwächer, sprintete in 3,5 Sekunden von Null auf 100 km/h und besaß eine Reichweite von 690 Kilometern. Das aktuelle Hypercar des chinesischen Start-Ups wird erstmals 2018 auf dem Genfer Salon vorgestellt. Die vollelektrische, 5,15 Meter lange Vierpersonen-Limousine kommt mit vier Elektromotoren, die zusammen 1012 PS und 1540 Nm erzeugen. Weitere Eckpunkte des chinesischen Carbonrenners: 286 km/h Spitze, der Sprint von 0-100 km/h in 2,5 Sekunden, Länge 5,15 Meter, immerhin 1,42 Meter hoch und 2,12 Meter breit. Die Limousine soll 2,1 Tonnen wiegen. Rund 650 Kilometer Reichweite soll der Venere bieten, die Energie dafür stellt eine 100-kWh-Batterie zur Verfügung. Das Chassis setzt auf einen Verbundwerkstoff mit Kohlefaser und Wabengitter, der die für die hohe Leistung und das Gesamtgewicht erforderliche Torsions- und Biegesteifigkeit sicherstellen soll.

Der Komfort der Passagiere ist den Machern natürlich nicht weniger wichtig. Dank eines Radstandes von gut drei Metern bleibt innen genügend Platz, um sich wohlzufühlen. Zugang gewähren gegenläufig öffnende Türen ohne B-Säule. Fahrer und Beifahrer sitzen vor einer Displayfront, die um Touchscreens auf dem Mitteltunnel erweitert wird. Konventionelle Bedienelemente gibt es nicht. Der Stromer sollte 2019 in Serie gehen für einen Preis zwischen 200.000 und 300.000 Euro.

Bugatti Centodieci

Mit dem Centodieci setzt Bugatti seinem Chiron technisch und optisch eine Krone auf. Nur zehn Stück entstehen innerhalb dieser exklusiven Kleinserie, die sofort zum Stückpreis von acht Millionen Euro verkauft sind. Der von vier Turboladern befeuerte W16-Motor ist noch mal 100 PS stärker, was 1600 PS bedeutet. Die schieben immer noch knapp zwei Tonnen Wagengewicht an – da macht es auch wenig Unterschied, dass der Centodieci rund 20 Kilo leichter ist als der Chiron. Rein rechnerisch kann der Centodieci von 0 auf 100 km/h in 2,4 Sekunden, auf 200 km/h in 6,1 Sekunden und auf 300 km/h in 13,1 Sekunden spurten, die Höchstgeschwindigkeit wird bei 380 km/h elektronisch begrenzt. Mit seinem außergewöhnlichen Design zitiert der „110" den Bugatti EB 110 – alles wegen des 110jährigen Firmen-Jubiläums.

Bauart:	Coupé
Baujahr:	2019
Motor:	W16, vier Turbolader
Hubraum:	7993 ccm
Leistung:	1600 PS
Getriebe:	Siebengang-Doppelkupplung
Antrieb:	Allrad
Gewicht:	1975 Kilo
Vmax:	380 km/h

DO NOT LEAN

Hongqi S9

Und sie weht immer noch: Auf der IAA in Frankfurt 2019 meldet sich die chinesische Marke Hongqi – zu Deutsch „Rote Fahne" – eindrucksvoll zurück, und zwar mit dem Hypercar S9. Hongqi ist bislang eher für mehr oder weniger schöne Repräsentationslimousinen bekannt, aber nun feiert die bereits in den 1950er Jahren gegründete Marke, die heute zum FAW-Konzern gehört, mit dem S9 „70 Jahre Volksrepublik China". Die Informationen über den Allradrenner sind ausgesprochen spärlich, was auch daran liegt, dass Honqi seine Website nur mit chinesischen Schriftzeichen bestückt. Sicher aber ist: Es sollten nur 70 Exemplare hergestellt werden, und der Sportler – designt nach üblichen Hypercarregeln mit flachem Body und einem riesigen Heckflügel – aus Aluminium und Carbon bestehen. Für den Antrieb sorgen drei Motoren: ein Vierliter-V8 von bislang unbekannter Herkunft und zwei Elektromotoren. Der Allradhybrid kann damit auf 1400 PS Systemleistung zurückgreifen, was ihn befähigen soll, mehr als 400 km/h schnell zu fahren. Stückpreis: rund zwei Millionen Euro. Seit der Präsentation ist allerdings nichts mehr zu hören von der heißen fliegenden Fahne ...

Bauart:	Coupé
Baujahr:	2019
Motor:	V8, zwei E-Motoren
Hubraum:	ca. 4000 ccm
Leistung:	1400 PS
Getriebe:	k.A.
Antrieb:	Allrad
Gewicht:	k.A.
Vmax:	ca. 400 km/h

Pininfarina Battista

Bauart:	Coupé
Baujahr:	seit 2019
Motor:	vier E-Motoren
Hubraum:	entfällt
Leistung:	1924 PS
Getriebe:	entfällt
Antrieb:	Allrad
Gewicht:	2302 Kilo
Vmax:	400 km/h

Von Pininfarina kommt eines der wirklich käuflichen und stärksten Hypercars der Moderne: der Battista. Der vollelektrische Sportler wurde 2019 auf dem Genfer Salon präsentiert, und das gleich in drei Design-Ausführungen. Mit 1924 PS und 2300 Newtonmeter maximalem Drehmoment gilt er – straßenzugelassen und in Kleinserie als leistungsstärkster italienischer Sportwagen aller Zeiten. Hinter dem Projekt steckt Pininfarina Automobili, Konzernmutter ist der indische Mahindra-Konzern. Der Name „Battista" ist eine Reminiszenz an Battista Pininfarina, den Gründer der weltberühmten italienischen Designfirma. Das Styling soll an die legendären Pininfarina-Modelle Cisitalia, Modulo und Sintesi erinnern. In enger Zusammenarbeit mit dem Designteam in Cambiano hat jeder Besitzer selbstverständlich die Möglichkeit, seinen Battista nach eigenem Gusto gestalten zu lassen.

Der Supersportler mit Kohlefaser-Monocoque und -Karosserie wird rein elektrisch angetrieben, wobei in jedem Rad ein E-Motor steckt. Die Stromtechnik kommt von Rimac, dem Spezialisten aus Kroatien. Das Batteriepaket sitzt als T-förmiger, flüssigkeitsgekühlter Lithium-Ionen-Akku im Mitteltunnel und hinter den Sitzen. Die Batterieenergie beträgt 120 kWh. Die Ladezeit von 20 auf 80 Prozent klappt in weniger als 22,5 Minuten mit einem Hochleistungs-Gleichstromladegerät.

Die Power wird dirigiert vom Fahrer an einem rechteckigen kleinen Lenk-„Rad", und wenn er mutig genug ist, kann er mehr als 400 km/h rasen. Die Beschleunigung von 0 auf 100 km/h gelingt in 1,86 Sekunden, von 0 bis 200 km/h vergehen gerade mal 4,75 Sekunden, auf 300 km/h ist man in beeindruckenden 10,49 Sekunden. Die Reichweite soll 476 Kilometer betragen – wobei das sicherlich mit nur deutlich weniger Tempo erreicht werden kann. Die Energie wird vernichtet von Carbon-Keramik-Bremsen mit Sechskolben-Bremssätteln vorne und hinten. Der Bremsweg von 100 km/h zum Stillstand beträgt nur 31 Meter – nicht schlecht für ein mehr als 2,3 Tonnen schweres Auto. Ein Exemplar kostet je nach Ausführung zwischen 1,75 und etwa 2,2 Millionen Euro, immerhin 150 Exemplare sollen gebaut werden. Weitere Luxusmodelle mit Elektroantrieb sind in Arbeit.

McLaren Speedtail

Bauart:	Coupé
Baujahr:	2019 – 2020
Motor:	V8-Biturbo, E-Motor
Hubraum:	3994 ccm
Leistung:	1070 PS
Getriebe:	Siebengang-Doppel kupplung
Antrieb:	Hinterräder
Gewicht:	1430 Kilo
Vmax:	403 km/h

Es gibt geile Autos und besonders geile Autos – für mich fährt der McLaren Speedtail aus der Ultimate Series in der zweiten Kategorie. Das „Hypercar aus England", wie es McLaren selber nennt, ist beeindruckende 5,14 Meter lang (die Länge erspart dem Speedtail einen Heckspoiler, der „Hyper-GT" soll der aerodynamisch effizienteste McLaren überhaupt sein). Er ist nur 1430 Kilo schwer und der legitime Nachfolger von F1 und P1. Apropos F1: Wie das Urmeter aller Hypercars sitzt der Pilot auch im Speedtail in der Mitte, zwei Beifahrer können es sich links und rechts davon halbwegs bequem machen. Der zentral positionierte Sitz bietet eine perfekt symmetrische Sicht des Cockpits und einen einzigartigen Blick auf die Straße. Für jedes Element im Inneren des Speedtail wurde die für den Fahrer optimale Position bestimmt. Die Bedienelemente befinden sich in einer Dachkonsole und die Bildschirme der Kameras, die die Außenspiegel ersetzen, bei den A-Säulen an der Windschutzscheibe für maximale ergonomische Effizienz.

Der Fahrer dirigiert 1070 PS Systemleistung – 757 PS davon gehören zum Vierliter-Biturbo-V8, 313 PS zu einem E-Motor. Das reicht für 403 km/h Spitze und einen Sprint auf 300 km/h in 12,8 Sekunden, womit der Speedtail auch der schnellste McLaren aller Zeiten ist. Jeder bekommt natürlich seinen Speedtail, wie er ihn haben will. Den Anfang macht die Personalisierung der Farbgebung des eingesetzten Kohlefasermaterials. Dafür wird eine mikrodünne Titanschicht direkt mit dem Gewebe verbunden. Das ergibt Kohlefaser mit Chrom-Effekt, die in jeder erdenklichen Farbe eloxiert werden kann. Die im Speedtail eingesetzte Kohlefaser wird mit 1000 Fasern pro Faden gefertigt. Innen bedeckt speziell behandeltes, leichtes und strapazierfähiges Leder den Boden jedes Speedtails Fahrzeugs, Anilin- und Nubukleder werden beim Armaturenbrett eingesetzt.

Der Speedtail ist auf 106 Stück limitiert und ist trotz eines Preises von 2,1 Millionen Pfund schneller ausverkauft, als man „McLaren" aussprechen kann. Noch Fragen?

De Tomaso P72

2019 meldete sich eine der umtriebigsten und legendärsten Marken wieder: De Tomaso. Seit 2014 gehört sie Apollo Automobili, das wiederum ein Teil der der chinesischen Firma Ideal Team Venture (ITV) ist. Und zum 60. Geburtstag der Italiener gibt es ein neues Auto, den P72. Das Prestigeobjekt verneigt sich vor dem originalen P70, den Alejandro de Tomaso und Carroll Shelby 1965 auf die Räder stellten. Der P72 basiert auf dem Carbon-Chassis des Apollo IE. Da der Wagen nach den neuen LMP-Hypercar-Regularien der FIA gebaut ist, hätte er theoretisch ab 2021 in Le Mans starten dürfen. Nur 72 Stück sollen gebaut werden zum Stückpreis von mindestens 1,6 Millionen Euro. Die genauen technischen Daten sind immer noch nicht veröffentlicht, aber es soll ein getunter Fünfliter-Ford-V8 mit 750 PS und 900 Nm maximales Drehmoment unter dem Carbon stecken. Bei der Präsentation in Goodwood bekommt das Auto viel Zuspruch – nur einer freut sich nicht: James Glickenhaus. Der schwerreiche Autobauer und -sammler vermutet Designklau: Tatsächlich gibt es diverse Ähnlichkeiten mit seinem P4/5 by Pininfarina, einem Einzelstück aus dem Jahr 2006, das nur für ihn auf Basis eines Ferrari Enzo hergestellt wurde.

Bauart:	Coupé
Baujahr:	ab 2020
Motor:	V8
Hubraum:	4951 ccm
Leistung:	750 PS
Getriebe:	Sechsgang-Handschalter
Antrieb:	Hinterräder
Gewicht:	k.A.
Vmax:	k.A.

Hyperion XP-1 2000

2020 zeigt Hyperion Motors sein Brennstoffzellen-Hypercar Hyperion XP-1 – mal eben mit mehr als 2038 PS und 1635 Kilometern Reichweite. Der Kohlefaser-Wasserstofftank soll sich in weniger als fünf Minuten betanken lassen. Die Stromversorgung übernehmen Wasserstoff-Brennstoffzellen, und statt Akkus fungieren Superkondensatoren als Zwischenspeicher. Vier Elektromotoren übertragen die Power über ein Dreigang-Getriebe auf alle vier Räder des 1032 Kilo leichten Sportlers. Dadurch sprintet der XP-1 in 2,3 Sekunden von 0 auf 100 km/h, die Höchstgeschwindigkeit soll 356 km/h betragen. Aus den zwei großen Auspuffrohren am Heck kommt logischerweise nur Wasser. Das Monocoque besteht aus Carbon-Titan, die Aufhängung aus einer Aluminiumlegierung, die Karosserie aus titanverstärktem Verbundwerkstoff. Hyperion will 300 Exemplare des XP-1 in den USA bauen, wobei die Preise noch nicht bekannt sind. Die Firma nimmt bereits Bestellungen auf seiner Website entgegen. Bleibt die Frage: Wo kann man tanken – das Wasserstofftanknetz lässt noch viele Wünsche offen. Deswegen hat Hyperion gleichzeitig eine mobile Tankstelle vorgestellt – in fünf Minuten soll der Tank wieder voll sein.

Bauart:	Coupé
Baujahr:	2020
Motor:	vier E-Motoren
Hubraum:	entfällt
Leistung:	2038 PS
Getriebe:	Dreigang-Automatik
Antrieb:	Allrad
Gewicht:	1032 Kilo
Vmax:	356 km/h

Koenigsegg Jesko

Koenigseggs neues Supercar für das Jahr 2020 besitzt einen Fünfliter-Biturbo-V8, der 1622 PS und 1500 Nm im E85-Bioethanol-Modus leisten soll. Die haben naturgemäß keine Probleme mit 1420 Kilo Autogewicht, weshalb die Schweden auf den Top-Speed-Rekord für straßenzugelassene Serienautos hoffen: 480 km/h. Dabei soll heftiger Anpressdruck helfen – schon bei 275 km/h sind das 1000 Kilo. Für Koenigsegg bedeutet die limitierte Zahl der Exemplare fast schon eine Großserie: 125 Stück. Preis: je 2,8 Millionen Euro. Das nur 90 Kilo schwere Getriebe hat sechs Kupplungen, was das Beschleunigen erleichtert. Das Fahrwerk arbeitet mit verlängerten und verbesserten Doppel-Querlenkern nach Formel-1-Vorbild. Die komplett einstellbaren Stoßdämpfer liefert Öhlins – und zwar drei pro Rad für sowohl die Vorder- als auch die Hinterachse, wobei zwei vertikal und einer horizontal angeordnet sind.

Bauart:	Coupé
Baujahr:	ab 2020
Motor:	V8-Biturbo
Hubraum:	5032 ccm
Leistung:	1622 PS
Getriebe:	Neungang-Multikupplung
Antrieb:	Hinterräder
Gewicht:	1420 Kilo
Vmax:	480 km/h

Hispano-Suiza Carmen

Bauart:	Coupé
Baujahr:	seit 2019
Motor:	zwei Elektromotoren
Hubraum:	entfällt
Leistung:	1019 PS
Getriebe:	entfällt
Antrieb:	Hinterräder
Gewicht:	1690 Kilo
Vmax:	250 km/h

Hispano-Suiza war einst eine große Luxusmarke: Eines der Topmodelle war der H6, der in verschiedenen Ausführungen von 1919 bis 1933 gebaut wurde – für die Superreichen eine tolle Alternative zu Rolls-Royce und Co. Hispano-Suiza selbst sprach selbst vom „besten Auto der Welt" – ein avantgardistisches Fahrzeug mit Motoren aus der Luftfahrt mit bis zu 6,6 Litern Hubraum und rund 120 PS, was eine Höchstgeschwindigkeit von 150 km/h ermöglichte. Der Einfluss von Chefingenieur Marc Birkigt als Aerodynamiker war deutlich. Zum Luxus gehörten zum Beispiel zwei Batterien: Die größere war für Zündung, Anlassen und Fahrzeugbeleuchtung zuständig, die kleinere sprang nur bei einer elektrischen Störung ein. Daneben war der H6 ist das weltweit erste Modell mit Servobremsen.
Der – oder die? – Carmen ist der jüngste Versuch, die Marke Hispano-Suiza wiederzubeleben. Beim Auto-Salon in Genf 2019 erklingt am Hispano-Suiza-Stand die Arie „Die Liebe ist ein wilder Vogel" aus der Oper „Carmen", gesungen von Montserrat Caballé. Miguel Suqué Mateu, sein Bruder Javier und seine Schwester Isabel, also die vierte Generation der Hispano-Suiza-Eignerfamilie Mateu, enthüllen gemeinsam das Fahrzeug. Carmen, benannt nach der Mutter der drei, ist nichts weniger als ein vollelektrischer „Hyperlux-GT" – ein Auto voller „Retro-Ästhetik", die auf den Hispano-Suiza H6B Dubonnet Xenia von 1932 verweisen soll. Erkennbar ist das unter anderem an den verdeckten Radkästen über den Hinterrädern sowie an einem spitz zulaufenden Heck.
Das knapp 1,7 Tonnen schwere Auto will mit 1019 PS aus zwei Elektromotoren und einem Carbon-Monocoque überzeugen. Die Karosserie besteht aus Kohlefaser – so wiegt Carmen 1690 Kilo. Der Sprint soll in weniger als drei Sekunden gelingen, die Höchstgeschwindigkeit ist elektronisch begrenzt auf 250 km/h. Preis: 1,5 Millionen Euro.
Zwischen 2019 und 2021 sollten 19 Stück gebaut werden. Auf der Website steht Carmen noch immer als verkäuflich: www.hispanosuizacars.com

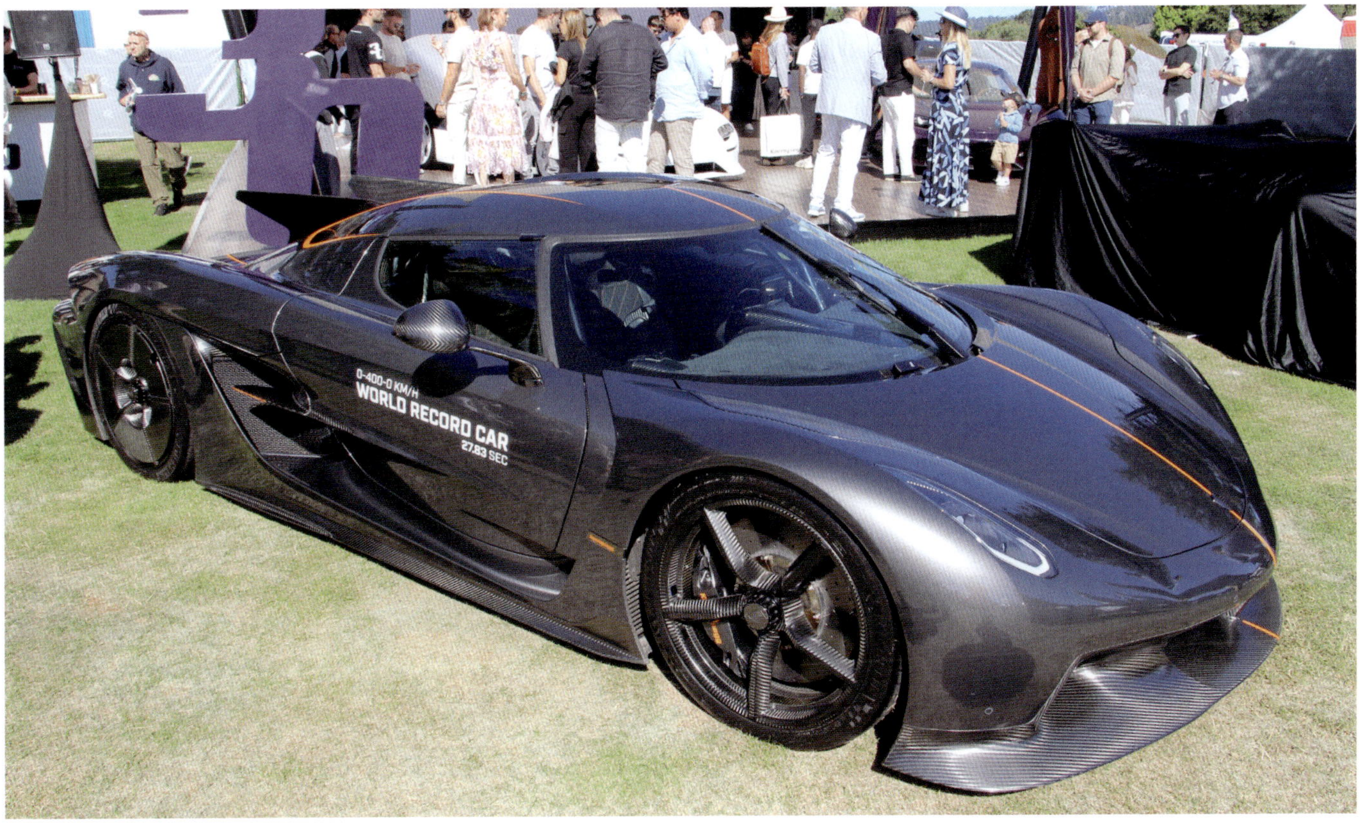

Koenigsegg Jesko Absolut/Attack

Bauart:	Coupé
Baujahr:	seit 2020/2022
Motor:	V8-Biturbo
Hubraum:	5032 ccm
Leistung:	bis 1622 PS
Getriebe:	Neungang-Multikupplung
Antrieb:	Hinterräder
Gewicht:	1290/1420 Kilo
Vmax:	480/531 km/h

Wenn Herr Koenigsegg befindet, dass sein Hypercar Jesko ausbaufähig ist, dann ist das so. Obwohl schon jeder normale Jesko mit Fünfliter-Biturbo-V8 bis zu 1622 PS und 1500 Nm leistet. Wird der Motor mit normalem Benzin gefüttert, leistet er bei 1,7 bar Ladedruck nur 1280 PS. Die volle Kraft gibt's mit 2,2 bar und E85-Sprit. Die Kraft wird mittels eines speziellen Neungang-LST-Getriebes (LST steht für „Light Speed Transmission") nur an die Hinterräder abgegeben. Der Clou: Das Getriebe kann ohne Verzögerung mehrere Gänge auf einmal zurückschalten, wobei einzelne Fahrstufen übersprungen werden. Zwei neue Versionen hat Koenigsegg aufgelegt. Der mindestens 2,8 Millionen Euro teure Jesko Attack mit seinem Bumerang-Heckflügel soll vor allem auf der Rennstrecke performen, während der mit 3,45 Millionen Euro deutlich teurere Jesko Absolut nur ein Ziel hat: Topspeed. Das bedeutet: 531 km/h Spitze.

Das soll vor allem mit neuer Aerodynamik erreicht werden. Im Vergleich der Heckpartien fallen die Unterschiede zwischen Absolut und Attack am deutlichsten aus. Beim Absolut fällt vor allem der fehlende Heckspoiler auf. Stattdessen sollen zwei Finnen – wie bei einem Kampfjet – für Stabilität bei hohen Geschwindigkeiten sorgen. Zusätzlich trägt der Absolut auf der Hinterachse Felgen mit Aerodiscs. Er ist mit 4,85 Metern rund neun Zentimeter länger als der normale Jesko, was der Fahrstabilität bei 400 km/h+ zugutekommt. Gleichzeitig ist er mit 1290 Kilo ein echtes Leichtgewicht. Ein paar interessante Zahlen zum Anpressdruck: Während der Jesko Attack mit seinem XXL-Flügel bei 250 km/h 800 Kilo und ein Maximum von 1400 Kilo Anpressdruck erzeugt, soll der stromlinienförmige Absolut bei 250 km/h nur 40 Kilo und maximal 150 Kilo Downforce generieren.

Koenigsegg verspricht übrigens, dass der Jesko Absolut der schnellste Koenigsegg aller Zeiten wird – und es auch bleibt, denn eigentlich haben die Schweden nicht vor, jemals ein noch schnelleres Modell auf den Markt zu bringen. Solche Ansagen darf man aber durchaus anzweifeln.

Ferrari SF90 Stradale

Ferrari präsentiert 2019 seinen neuen Serien-Supersportwagen, den SF90 Stradale. Der Name verweist auf den 90. Jahrestag der Gründung der Scuderia Ferrari. Der Sportler ist der erste Ferrari mit modularer PHEV-Architektur, also ein Elektro-Plug-in-Hybrid. Mit 1000 PS ist er der stärkste und mit 340 km/h Spitze der schnellste Straßen-Ferrari bis dato, zudem auch das erste Allrad-Hypercar mit dem aufsteigenden Pferd an Front und Seite. Er besitzt bei Ferrari den ersten Plug-In-Hybridantrieb, die erste Achtgangdoppelkupplung, das erste Alu-Carbon-Chassis, die erste volldigitale Instrumentierung, das erste Head-Up-Display, die erste Matrix-LED-Scheinwerfertechnologie und erstmals zwei Manettini. Ach ja, nebenbei war der oftmals ausgezeichnete und stets weiterentwickelte V8-Turbo mit jetzt 780 PS niemals stärker, noch nie spritzte Ferrari mit 350 bar Benzin ein, noch nie vorher kam ein Ferrari-Supersportler (angefangen mit dem GTO 1984 über den F40, F50, Enzo und LaFerrari) unlimitiert zu den Kunden.

Das Herz ist der schon lange bekannte V8-Turbo, tief vor die Hinterachse eingebaut – und gegenüber der bisherigen Form geschärft durch einen neuen Zylinderkopf, Vergrößerung des Hubraumes auf vier Liter, neue Kraftstoffeinspritzung sowie neue Ventile, Krümmer, Pleuel und Kolben. Unterstützt wird der Verbrenner von drei E-Motoren: zwei an der Vorderachse und einem zwischen dem Achtgang-Doppelkupplungsgetriebe und dem V8. Wie, wann und wohin Strom fließt, beeinflusst der Pilot über das neue, linke Manettino, dass sich im Lenkrad befindet und aus vier nicht ständig sichtbaren Druckstellen besteht. Ganz unten ist der „eDrive", damit rollt der SF90 rein elektrisch und rein vorderradgetrieben bis zu 135 km/h und bis zu 25 Kilometer (auch rückwärts geht's nur mit reiner E-Kraft). Darüber befindet sich die „Hybrid"-Stellung, die Standardeinstellung beim Starten. Hier entscheidet die Elektronik, ob der V8 hinzu- oder abgeschaltet wird. Dann kommt das Start- und Zielflaggenzeichen. Bei dieser Einstellung läuft der V8 ständig, der Focus liegt aber auf dem Laden der Batterie. Und on top ist die „Performance" – volle Power für das gesamte Antriebssystem. Das rechte Manettino ist uns bekannt mit „Wet". „Sport", „Race", „CT off" (Traktionskontrolle aus) und als wildeste Spielart „ESC off" (Stabilitätskontrolle aus).

Das Leistungsgewicht beträgt 1,57 Kilo pro PS. In 2,5 Sekunden schießt der Ferrari auf 100 km/h, in 6,7 Sekunden auf 200 km/h. 25 Kilometer können rein elektrisch gefahren werden. Um die Kraft auf die Straße zu bringen, hat das 1570 Kilo schwere Hypercar Allradantrieb. Der Spaß kostet allerdings 417.890 Euro für ein nacktes Serienmodell.

Bauart:	Coupé
Baujahr:	seit 2020
Motor:	V8-Turbo, drei E-Motoren
Hubraum:	3990 ccm
Leistung:	1000 PS
Getriebe:	Achtgang-Doppel kupplung
Antrieb:	Allrad
Gewicht:	1570 Kilo
Vmax:	340 km/h

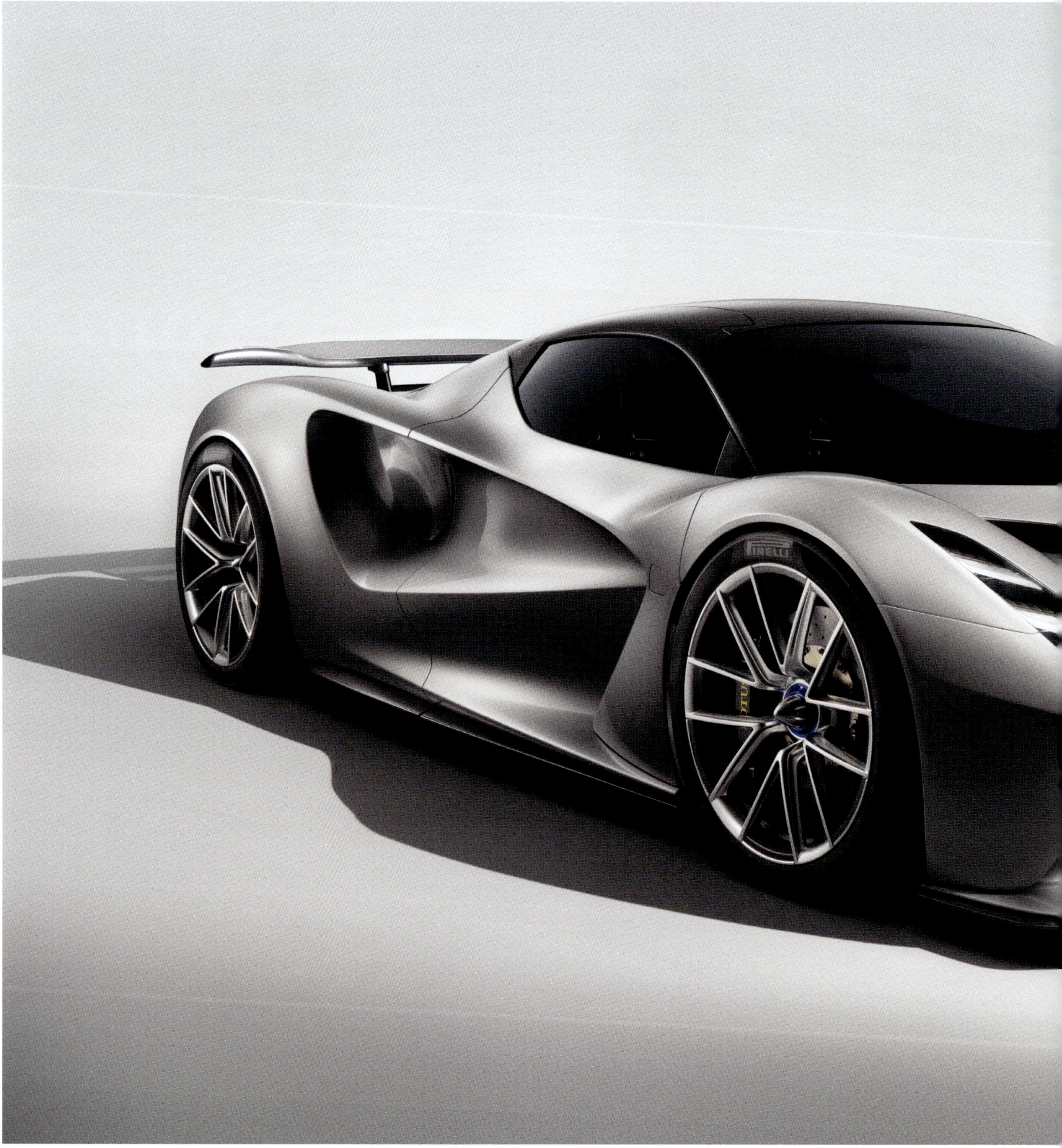
PIRELLI

Bauart:	Coupé
Baujahr:	ab 2020
Motor:	vier E-Motoren
Hubraum:	entfällt
Leistung:	2000 PS
Getriebe:	entfällt
Antrieb:	Allrad
Gewicht:	1680 Kilo
Vmax:	320 km/h

Lotus Evija

Lotus hat wilde Zeiten erlebt. Immer knapp am Existenzminimum – aber seit die Chinesen das Sagen haben (Lotus ist nach langer Eignerschaft der Malayen seit 2017 ein Teil von Geely), scheint es bergauf zu gehen. Wie zum Beweis legen die Engländer ohne Vorwarnung 2019 ein Hypercar aufs Parkett – das erste komplett neue Auto seit 2007: den Evija. Er ist das erste vollelektrische Hypercar der kleinen Schmiede in Hethel. Es handelt sich um ein Coupé, einen Zweisitzer, und die Kraft soll 2000 PS betragen, für die je 500 PS starke Elektromotoren pro Rad sorgen. Das maximale Drehmoment soll 1700 Newtonmeter betragen. Beim Sprint von 0 auf 300 km/h rechnet Lotus mit weniger als neun Sekunden. Top-Speed ist 350 km/h. Die Reichweite soll 400 Kilometer betragen, der Ladevorgang in 18 Minuten vollendet sein. Das Hypercar ist 4,459 Meter lang, zwei Meter breit und 1,122 Meter hoch. Für das Gewicht peilt Lotus 1680 Kilogramm an. Das Auto sollte ab Anfang 2020 in England gebaut werden, aber Produktionsstart ist dann doch erst 2024. Der Evija kostet 1,75 Millionen Pfund plus Steuern. Die Stückzahl ist auf 130 limitiert – weil es der 130. Typ der Lotus-Firmengeschichte ist.

Wem das nicht exklusiv genug ist, kann auf das Sondermodell Evija Fittipaldi zurückgreifen. Hintergrund: In der Formel-1-Saison 1972 gewann der Brasilianer Emerson Fittipaldi im Lotus Typ 72 fünf von elf Rennen. Er wurde Fahrer-Weltmeister, Lotus holte sich die Konstrukteurskrone. Das Sondermodell ist in die legendären John-Player-Special-Farben Schwarz und Gold getaucht. Die Zentralverschlüsse der Räder sind links rot, rechts grün. Zudem prangt Fittipaldis Name an der Flanke, fünf Embleme auf dem aktiven Heckflügel erinnern an jeden Grand-Prix-Sieg dieses so erfolgreichen Jahres. In das Kohlefaserdach des Evija wird eine Draufsicht des damaligen Formel-1-Boliden geätzt. Innen finden sich goldene Nähte an Sitzen, Türverkleidungen und Armaturenbrett und Dachhimmel.

Untypisch für ein Elektroauto ist der Sound des Hypercars: „Es klingt wie ein Düsentriebwerk", soll Ex-Formel-1-Weltmeister und Markenbotschafter Jenson Button nach einer Probefahrt bemerkt haben.

Bauart:	Coupé
Baujahr:	seit 2021
Motor:	V6-Turbo, vier E-Motoren
Hubraum:	1599 ccm
Leistung:	1063 PS
Getriebe:	autom. Siebengang-Handschalter
Antrieb:	Allrad
Gewicht:	1695 Kilo
Vmax:	352 km/h

Mercedes-AMG One

„Technologie der Königsklasse auf die Straße bringen" – das war das Ziel von AMG mit ihrem Hypercar Project One. Aus dem Project ist jetzt der One geworden: Der zweisitzige „Performance-Hybrid" mit Mittelmotor leistet 1063 PS, was für 352 km/h Spitze reicht. Die Komponenten des „EQ Power+High Performance Plug-in-Hybrid-Antriebs" bestehen aus einem System vernetzter Einheiten wie einem 1,6-Liter-V6-Hybrid-Turbobenziner, der mit vier Elektromotoren gekoppelt ist. Je einer sitzt im Turbolader und an der Kurbelwelle, die mit der Hinterachse verbunden sind, zwei weitere arbeiten für die Vorderräder. So kann man den Sprint von 0 auf 200 km/h in weniger sieben Sekunden genießen, 0 bis 300 km/h gelingen in 15,6 Sekunden. Im Monocoque empfangen zwei Schalensitze die glücklichen Insassen. Der Mitteltunnel trennt Fahrer und Beifahrer und stärkt die Carbon-Struktur. Die rein elektrische Reichweite beträgt allerdings nur 25 Kilometer.

Dank diverser Fahrprogramme stimmt sich das Auto mit ikonischer Längsfinne, aerodynamisch optimierten 10-Speichen-Aluminium-Schmiederädern und NACA-Öffnungen für Kühlkanäle zum Beispiel auf die Rennstrecke ab: Im Start 2-Programm wird die Aerodynamik aktiv, die Fahrwerksabstimmung strafft sich, das Auto senkt sich ab und die E-Motoren bieten die volle Leistung. Dafür wurden in den vorderen Radhäusern bewegliche Lamellen, ein zweiteilig ausfahrbarer Heckflügel und aktive Flaps am Frontdiffusor entwickelt, die sich je nach Fahrprogramm und Fahrerwunsch für die optimale Rennbedingungen anpassen. Die 800-Volt-Batterie hat die Mercedes-AMG-Petronas-F1-Motorenschmiede „High Performance Powertrains" entwickelt. Das automatisierte Siebengang-Schaltgetriebe mit Vierscheiben-Carbon-Rennkupplung ist ebenfalls neu und kümmert sich zuverlässig um die 11.000 möglichen Umdrehungen. Unter anderem ein Mehrlenker-Aluminium-Fahrwerk mit quer liegenden Push-Rod-Federbeinen sorgt für die nötige Bodenhaftung. Anfang Oktober hat DTM-Pilot Maro Engel die von ihm gesetzte Rundenzeit deutlich verbessert: Mit einer beglaubigten Zeit von 6:29.090 Minuten für die 20,832 Kilometer lange Strecke übertrifft das Hypercar mit Formel 1-Technologie den eigenen Rekord für Serienfahrzeuge um mehr als fünf Sekunden. Damit ist der Mercedes-AMG ONE das erste Straßenfahrzeug, dass die magische Marke von 6:30 Minuten unterbietet.

Der Spaß hat aber auch seinen Preis: 2,75 Millionen Euro plus Steuern. Die Auflage ist auf 275 Exemplare begrenzt.

MICHELIN
Mobi
MICHELIN

Bauart:	Coupé
Baujahr:	seit 2021
Motor:	V12, E-Motor
Hubraum:	6501 ccm
Leistung:	1130 PS
Getriebe:	Siebengang-Automatik
Antrieb:	Allrad
Gewicht:	1030 Kilo
Vmax:	355 km/h

Aston Martin Valkyrie

Wie lange kann ein magerer 55-Liter-Tank einen mächtigen 6,5-Liter-V12-Saugmotor samt 1001 PS Leistung mit Sprit füttern? Die Antwort: elf Minuten bei Vollgas, was 355 km/h bedeutet. Das allein ist schon Luxus. Luxus ist aber erst recht, sich eines von 150 Exemplaren des Aston Martin Valkyrie als Coupé oder einen von 80 offenen Spidern leisten zu können. Den Hyperhybrid gibt es mit insgesamt 1155 PS auf der Hinterachse – beim Coupé für 2,7 Millionen Euro pro Stück. Der Frontflügel stammt aus der Formel 1. Im optimalen Fall beschleunigt der 1270 Kilo leichte Wagen in weniger als drei Sekunden auf 100 km/h, die Höchstgeschwindigkeit ist abgeregelt auf 355 km/h – das Limit geben die Straßenreifen vor, der Rennwagen ist straßenzugelassen. Wollen sich die Insassen während der Fahrt unterhalten, müssen sie Kopfhörer tragen – der Motorlärm dominiert alles. Aufpreis kostet zum Beispiel ein Carbon-Optik-Paket oder eine Blattgoldauflage unter dem Decklack.

Aston Martins Hypercar kam 2016 als AM RB-001 auf die Welt – das Projekt erhielt im März 2017 den Namen Valkyrie. Ziel war von Anfang an ein Leistungsgewicht von einem Kilogramm pro PS sowie die Straßenzulassung. Die Valkyrie entstand als Ergebnis einer technischen und strategischen Zusammenarbeit zwischen Aston Martin, Red Bull Advanced Technologies und dem Projektpartner AF Racing. Initiator und Entwickler ist Red-Bull-Ingenieur Adrian Newey, dem schon 2014 ein Straßenauto mit Formel-1-Aerodynamik im Kopf vorschwebte.

Cosworth kümmerte sich um den Motor, ein 6,5-Liter-V12-Sauger mit 48 Ventilen, als Mittelmotor eingebaut. Der Euro-6-zertifizierte Motor ist vollbelastetes Element des Chassis und wiegt dennoch nur 206 Kilo. Entfernt man ihn, verbindet nichts mehr die Vorderräder mit dem Heck. Die Motorspezialisten kitzeln aus dem Aggregat 1001 PS (oder 153,8 PS pro Liter) und 780 Newtonmeter maximales Drehmoment bei 7000 Umdrehungen. Der Verbrenner wird unterstützt von einem 350-Volt-Hybrid-System. Infolgedessen steuert das Vollhybridsystem zusätzliche 160 PS Leistung und 280 Nm verfügbares Drehmoment bei. Das alles wird unterstützt von einem einzigartigen Aerodynamik-Konzept a la Formel 1 mit mächtigem Flügel vorne, einem mittelgroßen aktiven hinten und zwei riesigen Venturi-Tunnel. So gerüstet kann sich der Pilot bei etwa 220 km/h bis zum Maximaltempo auf 600 Kilo Downforce verlassen, wenn er geradeaus fährt. In Kurven werden es 750 Kilo, bei einer Vollbremsung von 355 km/h auf 220 km/h sind es 1100 Kilo.

Neben 150 Coupés baut Aston Martin auch noch 85 Spiderversionen und 40 reine Rennwagen namens AMR Pro. Alle Autos – Coupés, Spider und AMR Pro – sind verkauft, trotz eines Einstiegspreises von rund 2,7 Millionen Euro.

McMurtry Spéirling

Steht man vor einem McMurtry Spéirling, kommt der Gedanke, man hätte ein Spielzeugauto vor sich. Dabei ist das Gefährt nichts anderes als eine einsitzige Kanonenkugel auf Rädern. McMurtry Automotive aus Großbritannien hat mit dem Spéirling (gesprochen „Spierling", irisch für „Gewitter") einen Elektro-Sportwagen im Batman-Stil entwickelt. Dass der Bolide wirklich schnell ist, hat er bereits mehrfach bewiesen. Im Sommer 2022 stellte Max Chilton beim Goodwood Festival of Speed einen neuen Rekord beim Hillclimb auf. Mit einer Zeit von 39,081 Sekunden für die 1.867 Meter lange Strecke unterbot der McMurtry die bisherige Bestzeit des VW ID.R mit Romain Dumas am Steuer aus dem Jahr 2019 um 0,8 Sekunden. Im Rahmen des Dörr Group Track Day umrundete der Einsitzer den Grand-Prix-Kurs in Hockenheim in einer Zeit von 1.24,43 Minuten. Damit war er satte 14 Sekunden schneller als das Hybrid-Hypercar Mercedes-AMG One, das 2022 eine Rundenzeit von 1.38,56 Minuten schaffte. Der Lohn ist der Titel des schnellsten geschlossenen Fahrzeugs auf dem Hockenheimring in dessen aktuellem Layout. Dabei soll der kurze Brite als Prototyp der Pure-Version bei seiner Rekordfahrt nur mit 75 Prozent Leistung und Abtrieb unterwegs gewesen sein – behauptet zumindest der Hersteller.

In Silverstone katapultierte sich der Einsitzer in nur 1,4 Sekunden null auf 60 mph (96,66 km/h). Von null auf 100 mph (161 km/h) raste er in 2,63 Sekunden. Von Null auf 300 km/h vergehen weniger als neun Sekunden. Die Viertelmeile (402 Meter) war nach 7,97 Sekunden Geschichte. In dieser Kategorie führt „DuPont Registry" derzeit den Pininfarina Battista mit 8,55 Sekunden an der Spitze.

Erwarten können Käufer einen 3,20 Meter langen, nur 1,70 Meter breiten und knapp 1,10 Meter hohen Sportwagen. Der Radstand wird mit zwei Metern angegeben. Das Rückgrat bildet standesgemäß ein Carbon-Monocoque. Der Clou ist die Aerodynamik des Spéirling. Neben zahlreichen Durchströmungskanälen und einem riesigen Heckspoilerarbeitet ein großer Ventilator, der Luft unter dem Auto absaugt und so für eine Menge Anpressdruck sorgt: 2000 Kilo Abtrieb – im Stand. Bei 250 km/h Speed soll der selbst nur knapp eine Tonne schwere Spéirling gar mit bis zu 2250 Kilogramm auf den Asphalt gepresst werden.

Kolportiert werden für die beiden Elektromotoren an der Hinterachse eine kombinierte Leistung von rund 1000 PS. Damit soll der Spéirling in Kurven Querbeschleunigungen von bis zu 3 g aufbauen können. Die Architektur umfasst eine 60 kWh große Batterie, die Reichweiten von bis zu 480 Kilometer ermöglichen soll. Die eigentliche Produktion und Auslieferung der auf 100 Exemplare limitierten Kleinserie ist für 2025 angekündigt. Preis: rund 1,23 Millionen Euro pro Stück.

Bauart:	Coupé
Baujahr:	2021, ab 2025
Motor:	zwei E-Motoren
Hubraum:	entfällt
Leistung:	ca. 1000 PS
Getriebe:	Siebengang-Automatik
Antrieb:	Hinterräder
Gewicht:	930 Kilo
Vmax:	k.A.

EMIXA
McMURTRY
MICHELIN
MICHELIN
VP1
MOLICEL

GMC Hummer EV

Mit der dritten Generation des GMC Hummer zeigt General Motors, was mit Strom alles im Gelände geht. Der Pickup – die SUV-Version kam 2023 heraus – protzt mit einem ganzen Bündel an Superlativen: Keiner seiner Konkurrenten hat eine größere Batterie, keiner fährt weiter, keiner hat mehr Leistung und keiner kann sich im Gelände so bewegen wie er.
Acht Kameras können 18 unterschiedliche Bilder aufs Display schicken. Der Fahrer ist also stets informiert, was sich vor, hinter und vor allem unter dem Auto tut. Sind die Steine zu dick, hebt das Luftfahrwerk die Karosserie um 15 Zentimeter an. Zudem können beide Achsen gesperrt werden. Und so nimmt der mächtige Pickup auch Gelände der schwierigen Sorte locker und souverän unter seine riesigen Räder wie sogar den berühmt-berüchtigten Rubicon-Trail – auch dank bis zu 10 Grad lenkbarer Hinterräder. Denn die ermöglichen den sogenannten „Krebsgang", also die seitliche Bewegung.
Drei Elektromotoren (einer vorne, zwei hinten) bieten bis zu 1000 PS. Auf der Straße reicht das für einen Sprint von 0 auf 100 km/h in rund 3,5 Sekunden. Im Unterboden steckt das mächtigste Batteriepaket, das bislang in ein Fahrzeug seiner Art und Größe eingesetzt worden ist: über einen Kubikmeter groß bei doppelstöckiger Modulanordnung. Es wiegt 1,5 Tonnen und kommt mit einer Kapazität von mehr als 200 kWh. 560 Kilometer weit soll der immerhin 4,5 Tonnen schwere Hummer EV damit fahren können.
2023 wollte GM den Hummer EV auch als SUV auf den Markt bringen, mit etwas kürzerem Radstand, weniger Batteriekapazität, weniger Leistung und wahrscheinlich auch etwas günstiger. Ist aber noch nicht passiert. Und interessiert uns auch nur peripher: Der hat nur 830 PS ...

Bauart:	Pickup
Baujahr:	seit 2022
Motor:	drei E-Motoren
Hubraum:	entfällt
Leistung:	1000 PS
Getriebe:	entfällt
Antrieb:	Allrad
Gewicht:	4500 Kilo
Vmax:	k.A.

3X

WRANGLER
GOODYEAR
PURE MICHIGAN
'25
094M892
FEB
MANUFACTURER

Zenvo TSR-GT

Die dänische Hypercarschmiede hat seinen Zenvo TSR zum GT verfeinert: Der TSR-GT wurde so konzipiert und konstruiert, dass er durch seinen geringeren Luftwiderstand eine höhere Endgeschwindigkeit erreicht dank Änderung der Karosserieform und Leistungssteigerung. Mit dem selbst entwickelten „TS Power Pack" verfügt er über 1360 PS – der Standard-TSR-S kann nur 1177 PS aufbieten. Zum Upgrade gehören zwei Kompressoren, die dem 5,8-Liter-Flatplane-V8 auf die Sprünge helfen. Zenvo hat zudem den volumetrischen Wirkungsgrad des Motors durch überarbeitete Ansaugkrümmer und Auspuffkrümmer verbessert. Das Power Pack enthält außerdem einen Flex-Fuel-Sensor, der es dem Motor ermöglicht, ethanolreiches E85-Kraftstoff zu konsumieren – zusätzlich zu den normalen Tankstellenkraftstoffen, was der Langlebigkeit des TSR-GT zugutekommen soll. In Kombination mit einem längeren Achsantrieb, der an das werkseitig entwickelte Zenvo-Schrägverzahnungsgetriebe mit Klauenkupplung angepasst ist, soll eine Vmax von 424 km/h (TSR-S: 325 km/h) erreicht werden.

Bauart:	Coupé
Baujahr:	seit 2022
Motor:	V8-Bikompressor
Hubraum:	5800 ccm
Leistung:	1360 PS
Getriebe:	Siebengang-Automatik
Antrieb:	Hinterräder
Gewicht:	1495 Kilo
Vmax:	424 km/h

Ein neuer verlängerter Heckspoiler sorgt für mehr Abtrieb und Stabilität bei hohen Geschwindigkeiten. Ebenfalls neu sind aerodynamische Radscheibenabdeckungen, die den Luftwiderstand verringern. All diese aerodynamischen Helferlein werden von Zenvo-Handwerkern in Dänemark aus Prepreg-Kohlefaser hergestellt. Aus Kohlefaser ist außerdem das Chassis des zweitürigen, zweisitzigen und gut 4,8 Meter langen Sportwagens mit Mittelmotor und Heckantrieb. Die Beschleunigungswerte: 0-100 km/h in 2,8 Sekunden, 0-200 km/h in 6,8 Sekunden. Hinter den 20-Zoll-Aluminium-Schmiederädern, bestückt mit Michelin Pilot Sport Cup 2-Reifen, sitzen Carbon-Keramik-Bremsscheiben mit leichten Sechskolben-Aluminium-Bremssätteln.

Koenigsegg CC850

2002 kam mit dem CC8S das erste Modell der Marke Koenigsegg auf den Markt. Mittlerweile hat sich der schwedische Sportwagen-Hersteller international einen beeindruckenden Namen gemacht. In Erinnerung an den ersten „Serien"-Koenigsegg (sechs Stück wurden gebaut) gibt's mit dem CC850 eine Art Neuauflage des CC8S, aber mit mehr Leistung und besonderem Getriebe. Die Form der Scheinwerfer, der dreigeteilten Rückleuchten und das markante Dach sind an das frühe Modell angelehnt. Wie bei Koenigsegg üblich ist das Dach abnehmbar. der ausfahrbare Heckspoiler ist dagegen neu.

Bauart:	Coupé
Baujahr:	seit 2022
Motor:	V8-Biturbo
Hubraum:	5065 ccm
Leistung:	max. 1385 PS
Getriebe:	Siebengang-Automatik
Antrieb:	Hinterräder
Gewicht:	1385 Kilo
Vmax:	321 km/h

Bei den Abmessungen hat der Schwede etwas zugelegt – mit 4,36 Metern ist er etwas länger geworden als der CC8S, mit 2,02 Metern etwa vier Zentimeter breiter. Einzig die Höhe ist mit 1,13 Metern gleichgeblieben. Ebenso Koenigsegg-typisch sind die rotierend öffnenden Türen.

Im Innenraum ist der CC850 symmetrisch gehalten, damit kann der CC850 sowohl als Linkslenker als auch mit Rechtslenkung konfiguriert werden. Neben digitalen Elementen ist vor allem der Shifter mit frei liegender Mechanik ein Blickfang.

Angetrieben wird der Supersportler von einem Fünfliter-V8-Biturbo, der sowohl mit normalem Benzin als auch mit dem Kraftstoff E85 getankt werden kann. Wird das Aggregat mit Benzin befeuert, liefert der CC850 1185 PS, mit E85 sind es stolze 1385 PS – bei einem Leergewicht von 1385 Kilogramm ergibt das genau ein Kilo pro PS. Die größte Neuerung findet sich aber beim Getriebe. Im neuen CC850 kommt erstmals ein „Engange Shift System" (kurz: ESS) zum Einsatz, das je nach Fahrmodus und Straßen- oder Rennstreckeneinsatz unterschiedliche Übersetzungsverhältnisse bietet. Das Besondere daran: Das ESS-Getriebe ist Handschaltung- und Automatikgetriebe in einem. Je nach Wunsch kann der Fahrer die Automatik wählen, dann schalten neun Gänge geschmeidig und ohne zu kuppeln. Für mehr Fahrspaß und eine engere Verbindung zwischen Fahrer und Auto kann das Getriebe auch manuell bedient werden, dann stehen dem Fahrer sechs Gänge zur Verfügung.

Der Kaufpreis soll mehr als drei Millionen Euro betragen. 50 Exemplare waren zunächst geplant, aber 20 weitere sollen folgen – die Nachfrage soll immens sein.

Czinger 21C/Max/Blackbird

Bauart:	Coupé
Baujahr:	seit 2022
Motor:	V8-Biturbo, zwei E-Motoren
Hubraum:	2880 ccm
Leistung:	max. 1385 PS
Getriebe:	Siebengang-Automatik
Antrieb:	Allrad
Gewicht:	1250 Kilo
Vmax:	407 km/h

Kevin Czinger ist einer der aktuell jüngsten Hypercar-Hersteller der Welt. Zu den Besonderheiten seiner Firma gehört unter anderem die Teilefertigung aus 3D-Druckern- und Fräsen. Das in Los Angeles gebaute Hypercar 21C ist auf 80 Exemplare limitiert und in jeder Hinsicht spektakulär. Das Kürzel „21C" steht für „21st Century", also das 21. Jahrhundert.

Der Fahrer sitzt zentral in einem komplett in Alcantara ausgekleideten Cockpit unter einer von Carbon-Streben durchzogenen Glaskuppel. Nicht daneben, sondern aus aerodynamischen Gründen dahinter nimmt (eventuell) ein weiterer Fahrgast Platz. Das Duo hockt nun in einem Chassis aus Carbon-Verbundmaterial. Die Türen öffnen sich scherenmäßig im Koenigsegg-Stil. Herzstück ist ein Hybridantrieb mit bis zu 1350 PS, bestehend aus V8 und zwei E-Motoren.

Es gibt den Czinger in zwei Modellversionen: mit optimiertem Topspeed oder mit maximalem Abtrieb. Die High-Downforce-Exemplar „Blackbird" ist zu erkennen an einem großen Heckflügel und Luftleitelementen vorne. Die Variante „Max" ist voll auf Höchstgeschwindigkeit getrimmt und kommt ohne sichtbare Spoiler aus. Stattdessen erkennt man ein verlängertes und aerodynamisch angepasstes Heckprofil wie beim McLaren Speedtail.

Beim Antrieb handelt es sich um einen selbstentwickelten Hybrid-Strang auf 800-Volt-Basis. Als Verbrenner arbeitet ein 2,88 Liter großer Mittelmotor-V8 mit zwei Turboladern. Er leistet allein 948 PS. Zu den beiden E-Elektromotoren gesellen sich ein Riemen-Starter-Generator an der Kurbelwelle und Lithium-Titanat-Batterien als zusätzliche Energiequelle. Insgesamt kommt der 21C auf eine Systemleistung von 1250 PS bei 10.500 Umdrehungen. Gegen Aufpreis wächst die Leistung gar auf 1350 PS, wobei sowohl der Verbrenner als auch die E-Maschinen für mehr Power sorgen. Die Gänge sortiert ein sequenzielles Siebengang-Getriebe mit Mehrscheiben-Kupplung.

Czinger gibt beim „Max" ein Leergewicht von 1250 Kilo an, was zu einem Leistungsgewicht von einem Kilogramm pro PS führt. Von 0 auf 100 km/h soll der Czinger 21C in 1,9 Sekunden sprongen, Null auf 400 km/h – und zurück – soll in 27,1 Sekunden erledigt sein. Für die Viertelmeile stellt Firmenchef Kevin Czinger eine Zeit von 8,1 Sekunden in Aussicht. Die Topspeed liegt bei 407 km/h. Der C21 beginnt sowohl als Blackbird als auch als Max bei zwei Millionen Dollar, wobei sich der Preis je nach Umfang der Sonderwünsche problemlos auf 2,3 bis 2,5 Millionen Dollar treiben lässt.

Delage D12

Nur echten Autoexperten dürfte die Automarke Delage noch aus der Historie ein Begriff sein. 1905 von Louis Delage gegründet, wurden bis 1953 unter seinem Namen vor allem luxuriöse und sportliche Automobile angeboten; auch auf den Rennstrecken waren die Franzosen erfolgreich. Aber nach dem Zweiten Weltkrieg kam die Firma nie wieder richtig auf die Beine, sodass insgesamt wohl nicht viel mehr als 50.000 Delage-Exemplare produziert wurden. Der Delage D8, gebaut von 1929 bis 1940, ist ein gutes Beispiel des „Goldenen Zeitalters" für teure und luxuriöse Kleinserienautos in Frankreich. Wem Platz wichtig war, konnte eine Karosserielänge von mehr als fünf Metern bestellen. Unter der Haube steckte ein Achtzylinder-Reihenmotor, was zu jener Zeit sowohl für Delage als auch für die französische Automobilindustrie ein Novum war. Der Vierliter-Motor stellte mindestens 102 PS, höchstens 120 PS zur Verfügung. Damit rannte der „D8 Normale" 120 km/h, der sportlichere „D8 S" 130 km/h. Die Kraft wurde über ein Viergang-Schaltgetriebe mit Synchronisierung der oberen beiden Gänge an die Hinterräder geleitet.

Bauart:	Coupé
Baujahr:	seit 2023
Motor:	V12, ein E-Motor
Hubraum:	6600 ccm
Leistung:	max 1115 PS
Getriebe:	Achtgang-Automatik
Antrieb:	Hinterräder
Gewicht:	1400 Kilo
Vmax:	360 km/h

Jetzt hat sich Laurent Tapie mit dem Delage Owners- und Collectors-Club zusammengetan für eine Renaissance der Marke mit einem Hybrid-Hypercar. Tapie ist der Sohn des französischen Unternehmers, Politikers und Fußball-Funktionärs Bernard Tapie. Herzstück soll ein 990 PS starker 7,6-Liter-V12-Saugmotor werden, der komplettiert wird mit einem automatisierten Achtgang-Getriebe samt integriertem Elektromotor. Die Systemleistung soll bei der um 90 Kilo leichteren Clubsportvariante 1024 PS betragen, die 1400 Kilo wiegende GT-Version soll 1115 PS bekommen.

Der Antrieb sitzt eingebettet in einem Kohlefaser-Monocoque im Rücken der beiden Insassen, die hintereinander kauern. Sie entern das Auto nach öffnen einer Kuppel, die man auch abnehmen kann. Statt eines Lenkrads findet der Pilot zwei kleine mit Tasten bestückte Joysticks vor. Drei Bildschirme komplettieren das futuristische Cockpit.

Insgesamt sollen 30 Exemplare des Delage D12 mit seinen offen liegenden Querlenkern und Pushrod-Stoßdämpfern zum Stückpreis von etwa zwei Millionen Euro entstehen. Das Auto als Speedster kostet 190.000 Euro Aufpreis; als Rennstreckenexemplar sind es 260.000 Euro. Wann genau die Produktion der Kleinserie startet, verrät Delage bislang nicht.

Yangwang U9

Auch Chinas aufstrebende Elektromarke BYD will mit seiner Luxus- und Performance-Untermarke Yangwang zeigen, was sportlich alles möglich ist. Dafür hat sie den U9 gebaut – ein Zweisitzer-Hypercar mit 1306 PS und 1680 Newtonmeter maximalem Drehmoment, was einen Sprint von 0 auf 100 km/h in 2,36 Sekunden bedeutet. BYD gibt das Toptempo mit exakten 309,19 km/h an. Rundum gibt es Carbon-Keramikbremsscheiben, die Aufhängung besteht aus Doppelquerlenker vorne und Mehrlenker-Einzelradaufhängung hinten. Damit auch garantiert niemand zu Schaden kommt, verfügt der U9 über eine Torsionssteifigkeit von 54.425 Nm/Grad und eine einseitige Druckbelastung des Dachs von mehr als elf Tonnen.

Zwei Kerntechnologien stecken in dem Kohlefaserrenner: die e4-Plattform und das intelligenten Karosseriesteuerungssystem DiSus-X. Die e4-Plattform ist ein Antriebssystem mit vier unabhängigen Elektromotoren und einer agilen und unabhängigen Drehmomentsteuerung für alle vier Räder. Mit einer Systemeffizienz von bis zu 94,5 Prozent will der U9 herkömmliche Supersportwagen mit Verbrennungsmotor übertreffen sowie viel Leistung sowie außergewöhnliche Agilität bieten. Eine elektronische Steuerung aus Siliziumkarbid soll die Stromabgabekapazität verdoppeln im Vergleich zu herkömmlichen IGBT-Steuerungen und eine Übertragungseffizienz von bis zu 99,8 Prozent erreichen. Die Blade-Batterie der neuesten Generation verfügt über eine um 100 Prozent erhöhte Kühlleistung mit einem doppelseitigen Direktkühlplattendesign und Materialien mit hoher Wärmeleitfähigkeit. Dies gewährleistet eine optimale Kühlleistung auch unter schwierigen Fahrbedingungen.

Das intelligente aktive Karosseriekontrollsystem DiSus-X bietet eine horizontale und vertikale aktive Stabilitätskontrolle und sorgt für Grip und Stabilität. Der Federweg ist bis zu 75 Millimeter einstellbar und hat eine maximale einachsige Hubgeschwindigkeit von bis zu 500 mm/s, was eine sofortige Hubkraft von mehr als eine Tonne ermöglicht. Kleiner Gag: Der U9 kann mit nur einem Klick zu Musik tanzen. Oder sich zumindest rhythmisch bewegen.

In China wird der Wagen bereits ausgeliefert – für 1,68 Millionen Remninbi Yuan. Was bei uns lächerliche 220.000 Euro wären …

Bauart:	Coupé
Baujahr:	seit 2023
Motor:	vier E-Motoren
Hubraum:	entfällt
Leistung:	1306 PS
Getriebe:	entfällt
Antrieb:	Allrad
Gewicht:	k.A.
Vmax:	309,19 km/h

Tesla X Plaid

Teslas Oberklasse-SUV Model X war zwei Jahre lang in Deutschland nicht erhältlich. Das änderte sich 2022 – und zwar gewaltig: Mit dem Zusatz „Plaid" kam der Hochbeiner facegeliftet und mit satten 1034 PS. Aus dem SUV war ein Hyper-SUV geworden,
Denn der Plaid verfügt über drei starke Elektromotoren. Damit beamt sich das SUV in 2,6 Sekunden von 0 auf 100 km/h, die Höchstgeschwindigkeit ist bei 262 km/h erreicht. Mit einer Akkuladung soll so ein X Plaid bis zu 547 Kilometer weit kommen. Preis: ab 116.990 Euro. Zu den prägnantesten Neuerungen außer dem Antrieb zählen das überarbeitete Cockpit mit dem sogenannten „Yoke"-Lenkrad, wie man es aus Formel-1-Rennern oder Flugzeugen kennt. Nicht jedermanns Sache, denn der Umgang erfordert Übung, denn zum Beispiel beim Rangieren greift man schnell mal ins Leere. Aber keine Sorge: Wer so viel Science-Fiction nicht will, kann auf Wunsch auch ein klassisches Lenkrad ordern. Man kommt aber nicht umhin, die Gänge über einen verstellbaren 17-Zoll-Zentralbildschirm, der jetzt horizontal statt vertikal ausgerichtet ist, zu wählen. Allrad ist beim Tesla X Plaid übrigens Standard, ebenso ein Glasdach. Wer Elon Musk also noch reicher machen will, überweist für den Tesla X Plaid mindestens 140.000 Euro. Für ein Hyper-SUV ist das allerdings ein Schnäppchen.

Bauart:	SUV
Baujahr:	seit 2023
Motor:	drei E-Motoren
Hubraum:	entfällt
Leistung:	1134 PS
Getriebe:	entfällt
Antrieb:	Allrad
Gewicht:	2539 Kilo
Vmax:	262 km/h

Lamborghini Revuelto

Bauart:	Coupé
Baujahr:	seit 2023
Motor:	V12, drei E-Motoren
Hubraum:	6498 ccm
Leistung:	1015 PS
Getriebe:	Achtgang-Doppelkupplung
Antrieb:	Allrad
Gewicht:	1772 Kilo
Vmax:	350 km/h

2023 war es soweit: Der erste Lamborghini mit mehr als 1000 PS und der erste mit einem Leistungsgewicht von 1,75 PS pro Kilo bot sich zum Kauf an – Revuelto, welcome in der Hypercar-Ära. Dessen Hauptherzkammer ist tatsächlich ein reiner V12-Sauger, der allein aus 6,5 Litern Hubraum 825 PS und 725 Newtonmeter maximales Drehmoment zaubert. Außerdem stehen ihm drei je 150 PS starke Elektromotoren zur Seite, besser gesagt vorne zwei Axialflussmotoren und hinten ein Radialflussmotor auf einer Achtgang-Doppelkupplung. Zusammen sind sie für 1015 PS verantwortlich.

Aerodynamisch folgt auch der neue Lamborghini seinem Vorgänger. Im Vergleich zum Aventador Ultimae bietet er allerdings 33 Prozent mehr Downforce vorne, 74 Prozent mehr sind es insgesamt, jeweils gemessen bei Volllast. Als Aerodynamik-Highlights gelten die Luftführung über dem Sportler, der riesige Heckdiffusor und die mögliche Dreifachposition des Heckflügels. Ebenso ausgeklügelt ist die Luftführung an den Bremssätteln, die die monumentalen 410-Millimeter-Carbon-Keramikbremsen bedienen. Das elektronische Torque Vectoring – erstmals in einem Lamborghini zu finden – arbeitet ständig, vorne unter anderem zum Stabilisieren in schnellen Kurven. Auffällig ist besonders, dass der V12 völlig ohne Abdeckung ins Freie röhren und atmen darf – so zelebriert Lamborghini den langsamen Tod eines legendären Top-Verbrennermotors. Nicht weniger auffällig sind die Auspuffendrohre (Doppel-Hexagonalauspuff), die sich erstmals bei Lamborghini oben befinden. Er hilft es beim Gewichtsparen, weil der Weg der Abgase auf diese Weise extrem kurz ist und sie wenig Rohrgeflecht benötigen.

Das Cockpit ist passend futuristisch. Im unten abgeflachten Carbon-Lederlenkrad mit allen wichtigen Bedienknöpfen sind die beiden links und rechts oben platzierten Drehrädchen die Spaßmacher: Links wählt man den gewünschten Fahrmodus (Città, Strada, Sport, Corsa, ESC off), rechts den Elektromodus (Recharge, Hybrid, Performance). Insgesamt sind 13 Variationen denkbar, weil nicht jede Einstellung auf der einen Seite mit jeder auf der anderen möglich sind. Nur dann erfährt man die Power von 1015 PS. Mit Launch-Control schießt der Lambo samt Hinterradlenkung im besten Falle in 2,5 Sekunden von 0 auf 100 km/h. Möglich sind 350 km/h Spitze – wenn man freundlichst 422.000 Euro netto bei Lamborghini hinterlegt.

Koenigsegg Gemera HV8

Bauart:	Limousine
Baujahr:	seit 2023
Motor:	V8-Biturbo, ein E-Motor
Hubraum:	5032 ccm
Leistung:	2300 PS
Getriebe:	Neungang-Doppelkupplung
Antrieb:	Allrad
Gewicht:	k.A.
Vmax:	k.A.

Der Gemera feierte bereits 2020 Premiere – damals bestand die Hybrid-Antriebskonfiguration noch aus drei E-Motoren und einem Turbo-Dreizylinder, die zusammen eine Leistung von 1700 PS entfalteten. 2023 präsentiert der Hypercar-Spezialist aus Schweden dann einen neuen Antrieb für den nun serienreifen Gemera: Der Hybrid-Allradantrieb bestand aus einem 800 PS starken E-Motor mit dem Namen „Dark Matter". Zusammen mit dem TFG („Tiny Friendly Giant", zu deutsch „kleiner, freundlicher Riese") genannten 600-PS-Turbo-Dreizylinder-Motor leistete der Gemera nun 1400 PS und entfaltete 1850 Newtonmeter Drehmoment. Damit sprintete der Gemera von 0 auf 100 km/h in 1,9 Sekunden, erst bei 400 km/h war Schluss mit Vortrieb. Klingt alles gut, blieb aber Theorie: Wegen geringer Nachfrage stampfte Koenigsegg den Dreizylinder schnell wieder ein.
Denn alle wollten die Vollfettstufe, die anfangs nur eine Option war. Die aktuelle Hot V8-Version (HV8) greift nun auf einen modifizierten Fünfliter-Achtzylinder aus dem Jesko zurück, der hier 1500 PS leistet. Gemeinsam mit dem 800 PS starken Elektromotor kommt der Gemera nun auf 2300 PS und 2750 Newtonmeter Drehmoment. Damit ist der Gemera aktuell das stärkste Serienauto der Welt. Natürlich ist er allradgetrieben, als Getriebe fungiert eine Neungang-Doppelkupplung. Das Getriebe ist eine Weiterentwicklung des „Light Speed"-Getriebes (LST). Daraus resultiert das Neunstufen-Getriebe LSST (Light Speed Tourbillon Transmission) mit Torque Vectoring an allen vier Rädern. Die Batterie hat eine Kapazität von 14 kWh und arbeitet mit 850 Volt.
Das Design unterstreicht eindrücklich die Fähigkeiten des Gemera. Trotz neuer zweiter Sitzreihe bleibt die bekannte Koenigsegg-Linie erhalten, obwohl der größte Koenigsegg fast fünf Metern lang, zwei Meter breit und 1,3 Meter hoch ist. Die beiden langen Helix-Türen schwingen zur Seite auf und benötigen trotz ihrer Größe nicht viel Platz. Einen Preis nennt Koenigsegg nicht, ebensowenig sind bei Drucklegung die Fahrleistungen oder das Gewicht bekannt.

GAC Aion Hyper SSR/Ultimate

Bauart:	Coupé
Baujahr:	seit 2023
Motor:	E-Motoren
Hubraum:	entfällt
Leistung:	1225 PS
Getriebe:	entfällt
Antrieb:	Allrad
Gewicht:	1990 Kilo
Vmax:	251 km/h

GAC Aion, die Elektrosparte des Konzerns Guangzhou Automobile Group Co. Ltd. (GAC), stellt 2023 ihr erstes Elektro-Hypercar vor: den Hyper SSR. Der klotzt gleich richtig: Er verfügt über selbst entwickelte Hochleistungs-E-Motoren, die sich hinter der Passagierkabine befinden und in Kombination 1225 PS liefern. Das maximale Drehmoment soll erschlagende 12.000 Newtonmeter betragen. GAC Aion plant zwei Versionen: Die etwas zahmere Basis soll in 2,3 Sekunden von 0 auf 100 km/h beschleunigen, während die höherwertige Ultimate-Variante diese Übung in 1,9 Sekunden absolvieren können muss. Beide nutzen eine 900-Volt-Architektur, was sowohl den Energieverbrauch maximieren als auch die Ladezeiten minimieren soll. Die Höchstgeschwindigkeit wird mit 251 km/h angegeben. Beim Standard-Hyper SSR werden die Hinterräder angetrieben, der Ultimate ist ein Allradler. Die Reichweite wird mit 506 Kilometer angegeben.
Optisch ist der GAC Aion SSR ein typischer Sportwagen mit Kohlefaser-Karosserie, dessen Linie ein bisschen an die frühen Artega erinnert. Die Front wird dominiert von einer großen Schürze, über der sich die beiden Scheinwerfer sehr breit ziehen. Die A-Säulen beginnen weit vorne. Das Dach ist als Double-Bubble ausgeführt, seitlich befinden sich Dreiecksfenster vorne und kleine Seitenscheiben hinter den B-Säulen. Der Einstieg gelingt über elektrische Scherentüren. Hinten gibt es einen zweigeteilten ausfahrbaren Spoiler, und – natürlich – einen Diffusor.
Im Oktober 2023 sollte der GAC Aion Hyper SSR in China auf den Markt gekommen sein. Die Preise zu jenem Zeitpunkt: 1,286 Millionen chinesische Yuan für das Standardmodell, das sind umgerechnet gut 184.000 Euro. Für die Ultimate-Version werden 1,686 Millionen Yuan aufgerufen, also fast 242.000 Euro.

Vazirani Shul

Wäre ja gelacht, wenn sich nicht auch in dem Riesenreich Indien jemand um den Bau eines vollelektrischen Hypercars versuchen würde – zum Beispiel Vazirani. Die Firma aus Mumbai, gegründet im Jahr 2015 unter anderem vom Designer Chandan Chunky Vazirani, hat den Shul mit Hilfe des „Force India F1"-Teams und der Reifenfirma Michelin entwickelt. Der Antrieb setzt auf Elektromotoren und Mikroturbinen als Range Extender (ein ähnliches Antriebskonzept verwendet auch Techrules). Der Sprint soll dank etwa 1000 PS in 2,5 Sekunden gelingen, die rein elektrische Reichweite wird mit 150 bis 200 Kilometern angegeben. Ein Turbinen-Range-Extender ermöglicht es, mit einem kleineren Batteriepack, der etwa 300 Kilo wiegt, zu arbeiten.

Bauart:	Coupé
Baujahr:	ab 2023
Motor:	Turbine
Hubraum:	entfällt
Leistung:	1000 PS
Getriebe:	entfällt
Antrieb:	Allrad
Gewicht:	k.A.
Vmax:	k.A.

Der futuristisch aussehende Shul hat ein auffälliges, aber glattes, fließendes Design mit vielen Lufteinlässen – alles für den Abtrieb und die Kühlung der Batterien, die entlang des zentralen Tunnels und hinter der Fahrgastzelle positioniert sind. Weitere Luftkanäle unterhalb der Scheinwerfer kümmern sich um die Kühlung der Bremsen. Das Heck verfügt über einen Spoiler und einen Doppeldiffusor, die laut Vazirani von einem F1-Auto inspiriert wurden. Der Sprint von 0-100 km/h soll weniger als zwei Sekunden möglich sein, mehr Fahrleistungen sind nicht bekannt. Seit 2023 ist das Auto in Produktion, die erste Serie soll aus 500 Exemplaren bestehen.

Zeekr 001 FR

„Plaid ist langweilig. Der Zeekr 001 FR ist eine neue Art von Biest." Ach, manchmal ist vergleichende Werbung so schön – zumindest macht es deutlich, gegen wen sich Zeekr mit seiner Hochleistungsversion des Zeekr 001 mit Zusatz „FR" richtet. „FR" steht dabei für „Future Roads" und meint 1265 PS.

Bauart:	Coupé
Baujahr:	ab 2023
Motor:	vier E-Motoren
Hubraum:	entfällt
Leistung:	1265 PS
Getriebe:	entfällt
Antrieb:	Allrad
Gewicht:	k.A.
Vmax:	280 km/h

Der Antriebsstrang besteht aus vier Elektromotoren, einer an jedem Rad, was natürlich Allradantrieb zur Folge hat. Die Maschinen an der Vorderachse leisten jeweils 155 kW, die an der Hinterachse 310 kW – in Summe sind das 1265 PS Systemleistung und 1280 Nm. Zeekr nutzt die 800-Volt-Plattform, auf der auch schon der normale Zeekr 001 steht. Die verbaute CATL-Qilin-Batterie besitzt eine Kapazität von 100 kWh. Die Höchstgeschwindigkeit wird abgeregelt bei 280 km/h, der Spurt von null auf 100 km/h erfolgt in 2,02 Sekunden. Mit einem Seitenhieb auf Tesla nennen die Chinesen eine zweite Spurtzeit mit rollendem Start von 2,07 Sekunden. Was der FR in seiner heckbetonten Antriebsauslegung ebenfalls beherrscht, ist ein sogenannter „Tank-Turn" – also das Drehen auf der Stelle.

Optisch bietet der FR mehr Aggressivität, denn das Bodykit – bestehend aus Frontschürze, Frontsplitter, Lufteinlässen, auffälligen Seitenschwellern und größeren Rädern mit Performance-Reifen – kommt aus dem Motorsport. Hinten erkennt man einen Dachspoiler in Kombination mit einem feststehenden Spoiler auf dem Heckdeckel sowie einem anderen Stoßfänger mit integriertem Diffusor, alles aus Carbon. Das Hypercar steht auf 22 Zoll großen Leichtmetallfelgen, bestückt mit 265/40er-Reifen vorn und 295/40er-Walzen hinten. Für das Zügeln der gesamten Kraft sorgen Carbon-Keramik-Bremen von Brembo. Ein Feature grenzt den FR ab von allen Konkurrenten: Es soll das erste Serienfahrzeug sein, das über ein integriertes Satellitenkommunikationspaket verfügt und somit seinen Besitzer überall – aber auch wirklich überall – Fernkommunikation ermöglicht.

In China kostet die Hyperlimousine umgerechnet rund 99.500 Euro – nicht ohne Hintergedanken ist das etwas weniger, als man für einen Tesla X Plaid bezahlen muss. Gebaut werden laut Hersteller monatlich nur 99 Exemplare, ausgeliefert wird in China seit Oktober 2023.

Yangwang U7

Bauart:	Limousine
Baujahr:	seit 2023
Motor:	vier E-Motoren
Hubraum:	entfällt
Leistung:	1265 PS
Getriebe:	entfällt
Antrieb:	Allrad
Gewicht:	3095 Kilo
Vmax:	270 km/h

Das Segment der gut 1000 PS starken High-Performance-Limousinen bekommt weiterhin Zuwachs. Auf den chinesischen Autobauer BYD geht der Yangwang U7 zurück. Geplant ist, das elektrisch angetriebene Luxus-Modell im zweiten Quartal 2024 in China mit 1265 PS und Allradantrieb, der auf reinen Heckantrieb umschaltbar ist, anzubieten. Preis: umgerechnet rund 130.000 Euro.

Der neue Viertürer baut auf der E4-Plattform von BYD auf. Im U7 sorgen vier E-Maschinen mit jeweils 240 kW Spitzenleistung für die Maximalleistung. Als Höchstgeschwindigkeit werden 270 km/h genannt. Für die Reichweite nach dem chinesischen Zyklus CLTC werden 720 und 800 Kilometer genannt. Die Energie dafür liefert ein 135,5 kWh großer LFP-Akku, der allein rund 900 Kilogramm Gewicht zur Gesamtmasse von 3095 Kilogramm des U7 beisteuert.

Die Limousine ist 5,265 Meter lang, zwei Meter breit und 1,517 Meter hoch. Der Radstand liegt bei 3160 Millimetern, was viel Platz für die Passagiere verspricht. Der Innenraum lässt sich wahlweise als Vier- oder Fünfsitzer konfigurieren. Das Design der Fließhecklimousine in Coupé-Form stammt von Ex-Audi-Stylist Wolfgang Egger. Auffällig sind die großen Einfassungen an der Front, die auch die Scheinwerfer einbeziehen, und die Entlüftungskiemen hinter den Vorderrädern. Die Türgriffe sind versenkt. An der oberen Kante des Hecks erstrecken sich die schmalen Rücklichter über die gesamte Breite des Autos, unten ist ein Diffusor für genug Abtrieb erkennbar. Der ausgezeichnete cW-Wert von 0,195 wird allerdings nur mit ein paar Tricks erreicht: optionale Rückblickkameras statt Rückspiegel, aerodynamische Radabdeckungen und aerodynamisch optimierte Schürzen.

Brabus Rocket 1000

Bauart:	Limousine
Baujahr:	seit 2024
Motor:	V8-Biturbo, E-Motor
Hubraum:	4407 ccm
Leistung:	1000 PS
Getriebe:	Neungang-Automatik
Antrieb:	Hinterräder
Gewicht:	2400 Kilo
Vmax:	316 km/h

Jetzt also auch Brabus: Der Tuner aus Bottrop mit Herstellerstatus ist seit kurzem ebenfalls Mitglied im 1000-PS-Club, und zwar mit dem Brabus Rocket 1000. Der basiert auf dem Mercedes-AMG GT 63 S E Performance und ist aktuell der stärkste Brabus aller Zeiten. Der besitzt zum Beispiel neue Kotflügel, die die aerodynamisch verkleideten 21-Zöller auf der Vorder- und die 22-Zöller auf der Hinterachse überspannen. Hinten sorgt ein beeindruckender Heckflügel für Downforce.

Für passenden Antrieb des 2,4-Tonnen-Schiffs sorgt ein V8, der stärker ist als alles, was AMG je in seine Straßenmodelle eingebaut hat: 4,5 statt 4,0 Liter Hubraum, zwei selbstentwickelte Turbos mit höherem Ladedruck, ein paar neue Softwarezeilen für den Steuerchip und zwei neue Benzinpumpen mit größerem Durchsatz – schon klettert die Leistung von 639 PS (im GT 63 S E Performance) sogar auf 796 PS. Das maximale Drehmoment steigt dabei auf 1250 Nm. Damit das Drehmoment nicht das Getriebe zerreißt, bleiben davon nur 1020 Nm übrig. Eine 204 PS starke E-Maschine sorgt für Boost. Letztlich stehen also 1000 PS und insgesamt 1620 Nm zur Verfügung. 2,6 Sekunden braucht der Rocket 1000 auf seinen 295er-Breitreifen vorne und 335ern hinten auf Tempo 100, 200 km/h sind nach 9,7 Sekunden erreicht, die 300 km/h sind nach 23,6 Sekunden erledigt. Dann wird's zäh: Mehr als 316 km/h sind nicht möglich. Mehr als 25 Exemplare sollen nicht entstehen – eines kostet 540.000 Euro.

Lucid Air Sapphire

Sie war mal kurz die stärkste Limousine der Welt – aber stark ist sie immer noch: Die Limousine Lucid Air Sapphire aus den USA. Denn 1251 PS und 1940 Nm sind nicht zu verachten. Dafür sorgen vorne ein und hinten zwei E-Motoren, die aus einer sagenhaften 900-Volt-Batterie gespeist werden. Mit 118 kWh soll der Strom für eine Reichweite von 687 Kilometern reichen – zumindest theoretisch ein ziemlich guter Wert. In 15 Minuten soll er neuen Saft für 360 Kilometer tanken können. Die Kraft lässt den Sapphire in 1,89 Sekunden auf 100 km/h sprinten, die Viertelmeile wird in neun Sekunden gemeistert – trotz eines Gewichts von knapp zweieinhalb Tonnen. Erst bei 330 km/h hört der Vortrieb auf – ein fünf Meter langer Business-Express par excellence, den Ex-Lotus-Mann Peter Rawlings mit seiner Firma auf die Räder gestellt hat.

Bauart:	Limousine
Baujahr:	seit 2024
Motor:	drei E-Motoren
Hubraum:	entfällt
Leistung:	1251 PS
Getriebe:	entfällt
Antrieb:	Hinterräder/Allrad
Gewicht:	2450 Kilo
Vmax:	330 km/h

Optisch sieht man dem Sapphire – nur er ist bei Lucid in edles Dunkelblau gehüllt – allerdings nicht an, dass er ganz oben mitspielt. Es gibt keine Ecken und Kanten, was auch der Aerodynamik geschuldet ist. Die Aero-Caps der Räder – vorne in 20 Zoll, hinten 21 Zoll – können abgenommen werden, ein dezenter Heckspoiler lässt genug Kraft erahnen. Technisch stehen dem glücklichen Piloten, der wie seine Fahrgäste wegen der Batterie im Boden etwas höher thront als in einer Verbrenner-Limousine, vier Fahrmodi zur Verfügung, aber nur der „Sapphire-Mode" und der „Track-Mode" stellen die volle Kraft zur Verfügung. Alle Insassen genießen klimatisierte und selbstverständlich vielfach elektrisch verstellbare Sessel, der hintere Kofferraum schluckt dabei immerhin noch knapp 650 Liter Gepäck. Im Kofferraum vorne stehen zusätzlich 280 Liter zur Verfügung. Preis des Vorstandssprinters: 250.000 Euro.

Bugatti Mistral

Seit der Einführung des Veyron im Jahr 2005 bildet der W16-Motor das Herzstück eines jeden Bugatti-Hypersportlers. Im letzten Modell der zweiten Bugatti-Serie namens Chiron steckt dieser W16 noch einmal in einem ultimativen Roadster – dem Mistral.

„Für den finalen Auftritt des legendären W16-Motors von Bugatti war uns klar, dass wir einen Roadster entwickeln mussten. Mehr als 40 Prozent aller jemals von Bugatti hergestellten Automobile waren offene Fahrzeuge und bilden eine lange Reihe von Performance-Ikonen, die bis heute auf der ganzen Welt verehrt werden," erklärt Mate Rimac, CEO von Bugatti Rimac, die Karosserieform. Der Mistral, der eigentlich als Wind vom Rhônetal durch die mondänen Städte der Côte d'Azur in Südfrankreich bis zum Mittelmeer weht, kommt bei Bugatti mit 1600 PS. Er trieb vorher den Chiron Super Sport 300+ an und erreichte im Sommer 2019 die Weltrekordgeschwindigkeit von 490,484 km/h. Vermutlich ist der Mistral etwas langsamer, aber immer noch der schnellste Roadster der Welt. Inspirierendes Vorbild des Mistral soll der 1934 gebaute Bugatti Type 57 Roadster Grand Raid sein mit seinen beiden aerodynamischen „Kopfstützen" und der Windschutzscheibe in Visier-Form.

Bauart:	Roadster
Baujahr:	seit 2024
Motor:	W16-Quattroturbo
Hubraum:	7993 ccm
Leistung:	1600 PS
Getriebe:	Siebengang-Doppelkupplung
Antrieb:	Allrad
Gewicht:	k.A.
Vmax:	374 km/h – 400 km/h

Da ein Bugatti nicht nur durch Kraft, sondern auch durch Design überzeugen soll, haben sich Chefdesigner Achim Anscheid und sein Team Einiges einfallen lassen wie zum Beispiel eine neue Frontpartie in Anlehnung an die vertikale Anordnung der Modelle Divo und La Voiture Noire. Der Hufeisen-Kühlergrill kommt dreidimensionaler, tiefer und breiter gestaltet. Die Frontscheinwerfer enthalten eine Vier-Licht-Signatur, die eine subtile Anspielung auf den Allradantrieb und die vier Turbolader des W16 Mistral darstellt. Hinten agiert eine neue Version des X-Themas des Rückleuchten-Motivs des Bolide. Sie dient auch der Entlüftung der seitlichen Ölkühler. Die Verbundwerkstoffe im Mistral werden mit Titan- und Aluminium-3D-Druck kombiniert. Für besonderen Sound sorgt ein neues Ansauglayout.

Innen findet der glückliche Besitzer leichtes Titan vor sowie aus dem Vollen gefräste Aluminiumkomponenten und selbstverständlich so weiches wie makelloses Leder. Für die neu gestalteten Türverkleidungen wird es aufwändig gesteppte.

Vom W16 Mistral werden nur 99 Exemplare zu einem Preis von fünf Millionen Euro netto gebaut, die Auslieferung hat 2023 begonnen.

MICHELIN
PILOT SPORT

Bugatti Bolide

Was macht ein Hersteller, der nur ein Modell anzubieten hat? Er macht zwei oder mehr daraus. Wie Bugatti beim Chiron. Der ist an sich ja schon ein Hypercar, aber jedes Hypercar kann man noch ein bisschen pimpen – fertig ist zum Beispiel der Bugatti Bolide. Der war zuerst nur als technischer Demonstrator gedacht, entwickelte sich aber zu einer Kleinserie von 40 Einheiten.

Bauart:	Coupé
Baujahr:	seit 2024
Motor:	W16-Quattroturbo
Hubraum:	7993 ccm
Leistung:	max. 1850 PS
Getriebe:	Siebengang-Doppelkupplung
Antrieb:	Allrad
Gewicht:	1450 Kilo
Vmax:	380 km/h

Der überarbeitete Achtliter-W16-Quattroturbo-Motor des Chiron (der eigentlich ein Doppel-V8 ist) leistet im Bolide – mit 110-oktanigem Rennbenzin – 1850 PS und weist ein Drehmoment von 1850 Newtonmetern auf. Damit soll eine Nordschleifenzeit von 5:23,1 Minuten möglich sein. Mit alltagstauglichem 98-oktanigem Super Plus ausgelegt bleiben davon immerhin noch 1600 PS und 1600 Newtonmeter Drehmoment übrig. Unter anderem die Schaufeln in den Turboladern und die Ansaug- und Abgasanlage wurden verändert, um mehr Leistung und ein besseres Ansprechverhalten zu erzeugen. Wer auf die Rennstrecke möchte, freut sich über Trockensumpfschmierung.

Die der nur 99,5 Zentimeter flache und 4,76 Meter lange Bolide mit Leichtigkeit absolvieren kann, weil er trocken nur 1450 Kilo wiegt. Damit liegt das Leistungsgewicht bei beeindruckenden 0,67 Kilo pro PS. Grund sind viele Bauteile aus Titan wie alle Schraub- und Verbindungselemente, hohle Bauteile und solche aus einer Titan-CFK-Verbindung. Das Monocoque aus kohlefaserverstärktem Kunststoff wurde neu entwickelt. Die einst angedachten 500 km/h Spitze wurden dann doch nicht realisiert, weil der Wagen deutlich für die Rennstrecke ausgelegt ist. Aber 380 km/h Top-Speed ist ja auch nicht schlecht. Die kann der Pilot dank einer Downforce von bis zu 3000 Kilo genießen, was den Wagen am Boden kleben lässt. Auch die Beschleunigungsorgien sind durchaus imposant: So soll der Hypersportwagen dank Allradantrieb in nur 2,17 Sekunden auf 100 km/h beschleunigen, 0 bis 300 km/h sollen in 7,37 Sekunden absolviert werden. Als Nettopreis hat Bugatti rund vier Millionen Euro ausgerufen.

Rimac Nevera R

Bauart:	Coupé
Baujahr:	seit 2024
Motor:	vier E-Motoren
Hubraum:	entfällt
Leistung:	2136 PS
Getriebe:	entfällt
Antrieb:	Allrad
Gewicht:	2150 Kilo
Vmax:	350/412 km/h

Es begann alles mit einem selbstgetunten, elektrisiertem BMW-E30-Prototyp. Das wurde 2011 als „Grünes Monster" bezeichnet – weil 601 PS stark und mit einer Beschleunigung von 0 auf 100 km/h in 3,3 Sekunden gesegnet. Schöpfer war der kroatische Tausendsassa Mate Rimac. Unter anderem durch den Verkauf von eigenen Patenten kann er seit 2009 elektrische Supersportwagen, Antriebe und Batteriesysteme entwickeln, bauen und verkaufen. Sein erster Hypercar-Prototyp, das Concept_One, war zu seiner Zeit nichts weniger als das weltweit schnellste Elektrofahrzeug und mit seinen Leistungsdaten ein Trumpf in jedem Autoquartett: 1224 PS und 1600 Nm Drehmoment. Acht Exemplare wurden gebaut, nach dem Crash von TV-Moderator Richard Hammond („Grand Tour") existieren jetzt leider nur noch sieben.
Aus dem Concept_One wurde 2021 der Nevera – mit vier E-Motoren und insgesamt 1914 PS. Und den hat Rimac 2024 als „R" geschärft: mit 2136 PS mehr Kraft, dazu ein besseres Kurvenhandling dank der neuesten Generation des Rimac-Allrad-Torque-Vectoring (R-AWTV). Laut Rimac ist der R das „aggressive Alter Ego des Nevera – mit dem R wird der Hyper-GT zum Hypersportwagen." Den Sprint schafft er in 1,81 Sekunden, die 300-km/h-Marke knackt er nach 8,66 Sekunden.
Der große Heckflügel und ein mächtiger Diffusor weisen auf Potenzial des vollelektrischen Hypercars auf. Sie erhöhen den Abtrieb um 15 und die aerodynamische Effizienz um zehn Prozent im Vergleich zum „Basis"-Nevera. Die neuen Michelin Cup 2-Reifen solle das Untersteuern um zehn Prozent reduzieren, gleichzeitig aber die Seitenhaftung um fünf Prozent überhöhen. So bestückt rennt der Nevera R 3,8 Sekunden schneller pro Runde auf dem Hochgeschwindigkeits-Oval in Nardo als der Basis-Nevera. Der beliebte Drift-Modus wurde an die neuen Reifen angepasst.
Die Höchstgeschwindigkeit beträgt 350 km/h, aber unter Rimac-Aufsicht sind auch bis zu 412 km/h möglich. Die Viertelmeile schafft der Hypersportler in 8,23 Sekunden. Nur 40 Exemplare werden gebaut – den Preis handelt man am besten mit dem Chef selber aus.

Pininfarina B95 Gotham

Wenn ein noch recht junger Autohersteller mit Hollywood einen Deal eingeht, dann können die Kunden was erleben – zum Beispiel mit der Barchetta Pininfarina B95 Gotham. Dazu muss man nicht nur wissen, dass Gotham City der Sündenpfuhl in Batmans Universum ist, sondern auch, dass sich Automobili Pininfarina mit Wayne Enterprises Experience und dem Warner Bros Discovery Global Consumer Products eingelassen hat, um vier Einzelstücke aus der Welt von Bruce Wanye, dem Alter Ego von Batman, zu bauen.

Bauart:	Cabriolet
Baujahr:	seit 2024
Motor:	vier E-Motoren
Hubraum:	entfällt
Leistung:	1900 PS
Getriebe:	entfällt
Antrieb:	Allrad
Gewicht:	k.A.
Vmax:	350-400 km/h

Der B95 Gotham ist das erste, inspiriert vom Luxusleben des Mr. Wayne, der besonders Wert auf Nachhaltigkeit und Innovation setzt, dabei aber nicht auf Eleganz verzichtet. Und erst recht nicht auf Einzigartigkeit. Die Luft wird über den Innenraum der Barchetta gelenkt, und zwar dank zweier elektronisch steuerbarer Aero-Screens. Natürlich ist das Auto gespickt mit „Wayne Enterprises"-Bagdes, damit auch jeder weiß, dass das Auto mit der Firma von Bruce Wayne zu tun hat. Außen dominiert die Farbe „Argento Vittorio Gloss Black". Innen ist alles mit Leder samt besonderem Muster und Nähten ausgeschlagen. Die Fahrerseite ziert eine Platte mit der Aufschrift: „All men have limits – I ignore mine." Soll Bruce Wayne so gesagt haben. In den Comics.

Pininfarina gibt in Sachen Technische Daten nur die beiden Werte „1900 PS" und „Sprint von 0 bis 100 km/h in weniger als zwei Sekunden" an. Man darf davon ausgehen, dass der Rest denen des Pininfarina Battista ähnelt, was vier Radnaben-E-Motoren beinhaltet und ein Top-Tempo zwischen 350 und 400 km/h.

Es folgen übrigens noch auf Bruce-Wayne-Seite der Battista Gotham sowie – für die Batman-Seite stehend – der B59 Dark Night und der Battista Dark Night. Der hier abgebildete B95 Gotham, den Pininfarina als Weltpremiere bei der Monterey Car Week in The Quail 2024 zeigt, ist allerdings nur ein Showcar. Die vier Edelautos werden später in Cambiano, Italien, gebaut. Die Preise erfahren wohl nur die vier solventen Batman-Fans, die sich die Einzelstücke in ihre Sammlungen stellen werden.

Dodge Challenger SRT Demon 170

Bauart:	Coupé
Baujahr:	2023
Motor:	V8-Kompressor
Hubraum:	6200 ccm
Leistung:	1039 PS
Getriebe:	Achtgang-Automatik
Antrieb:	Hinterräder
Gewicht:	k.A.
Vmax:	243 km/h

Teuflisch, dieser Dodge Challenger SRT Demon 170 – denn er bietet bis zu 1039 PS an, wenn man den 6,2-Liter-Kompressor-V8 mit E85-Sprit füttert. Als weiteren Dank gibt es 1281 Nm Drehmoment bei 4200 Umdrehungen. Selbst, wenn E10-Benzin in den Tank gekippt wird, sind noch 912 PS und 1098 Nm verfügbar. Mit dem vollen Saft soll der Demon die 0-60 mph (0-96 km/h) in 1,66 Sekunden schaffen. Die Viertelmeile reißt er in NHRA-zertifizierten (National Hot Rod Association) 8,91 Sekunden herunter. Spitzentempo ist 243,2 km/h.

Warum er also „Demon" heißt, ist damit klar. Und die 170? Absolute Kenner der Materie erklären es so: E85-Ethanol sind gleich 170 Proof – das ist eine alte englische Maßeinheit für den Alkoholgehalt. Außerdem besteht eine Verbindung zu Dodges Direct Connection Hellephant C170 Crate Engine. Mit diesem Motor, den man auch ohne Auto für eigene Aufbauten erwerben kann, teilt sich der Demon-Antrieb ein wenig DNA – zugegeben, das ist wirklich Insiderwissen für die ganz harten Tage am Stammtisch.

Um zum Hyperdemon zu werden, haben sich die Ingenieure übrigens Einiges einfallen lassen. So zum Beispiel einen neuen Antriebsstrang: Der Kompressor wächst von 2,7 auf 3,0 Liter, die der Drosselklappe von 92 auf 105 Millimeter. Der Ladedruck beträgt nun 1,46 bar. Die Elektronik passt Benzineinspritzung und Zündzeitpunkt dem gewählten Sprit an. Die Kraft leitet eine Achtgang-Automatik auf die Hinterräder, die deshalb mit Dragster-Reifen bestückt sind. Optisch ist der US-Beelzebub an einem großen Lufteinlass auf der Haube zu erkennen sowie an einer Frontschürze und einer Spoilerlippe am Heck.

In den USA kostet so ein Luzifer knapp 100.000 Dollar, insgesamt 3300 Einheiten sind geplant.

Hispano-Suiza Sagrera

120 Jahre Hispano Suiza – zugegeben, nicht mehr jeder Fan kennt diese schweizerisch-spanische Automarke, deren Historie fast so lang ist wie die Zeit, in der es sie nicht gab. Gegründet Anfang des 20. Jahrhunderts unter führender Beteiligung des Ingenieurs Marc Birkigt, wurden zunächst neben Flugmotoren auch Automobile gebaut, später spezialisierte man sich eher auf Strahltriebwerke. Zum Jubiläum gibt es nun die Carmen Sagrera, das dritte Modell einer Reihe von elektrischen Hypercars. Die Sagrera zeichnet sich durch aktualisiertes Design, verbesserte Leistung und eine neue 103-kWh-Batterie aus, die aus 15 Modulen mit jeweils 24 Zellen besteht. Sie wiegt nur 612 Kilogramm und kann mit einer maximalen Spannung von mehr als 750 VDC betrieben werden. Da die Energiedichte verbessert worden ist, weil mehr Energie im gleichen Volumen gespeichert werden kann, erhöht sich die Reichweite um etwa 100 Kilometer, sodass die Gesamtreichweite laut WLTP-Zyklus nun 480 Kilometer beträgt. Die zentrale T-förmige Position der Batterie verbessert die Gewichtsverteilung und die dynamische Leistung des Autos. Zusätzlich zu den neuen Zellen verfügt das Auto über ein verbessertes Kühlsystem, das leichter, weniger komplex und aus nachhaltigeren Materialien hergestellt ist.

Bauart:	Coupé
Baujahr:	2024
Motor:	vier E-Motoren
Hubraum:	entfällt ccm
Leistung:	1020 PS
Getriebe:	entfällt
Antrieb:	Allrad
Gewicht:	k.A.
Vmax:	k.A.

Optisch ist die spitze Kühlergrillform eine Hommage an die luxuriösen Hispano Suiza Alfonso XIII-Sportwagen des frühen 20. Jahrhunderts. Das Heck wurde im Vergleich zu den anderen Carmen-Modellen optischen und aerodynamischen Änderungen unterzogen, wie zum Beispiel der große Spoiler beweist, der an Storchenflügel erinnert und eine Hommage an das Logo der Marke darstellt. Er optimiert die Aerodynamik und verbindet nahtlos einfarbig lackierte Seitenteile mit Kohlefaser genauso wie der Diffusor, bei dem Kupferakzente im Boulogne-Stil integriert sind. Im Inneren setzt sich das sportliche Ambiente fort mit einer neu gestalteten Mittelkonsole und einem Infotainmentsystem, das mit Alcantara bezogen ist.

Die Sagrera wird von vier E-Motoren angetrieben, die zusammen für 1020 PS und 1160 Newtonmeter maximales Drehmoment sorgen. Das soll für einen Sprint von 2,6 Sekunden reichen. Das Fahrwerk ist komplett einstellbar, ein Hinterachsdifferenzial sorgt für korrekte Kraftverteilung. Stückzahlen und Preis stehen noch nicht fest.

Porsche Taycan Turbo GT

Bauart:	zweisitzige Limousine
Baujahr:	seit 2024
Motor:	vier E-Motoren
Hubraum:	entfällt
Leistung:	1108 PS
Getriebe:	entfällt
Antrieb:	Allrad
Gewicht:	2200 Kilo
Vmax:	305 km/h

Porsche ohne Hypercar? Geht natürlich gar nicht. Als hätten die Zuffenhausener von diesem Buch gewusst, haben sie schnell noch eines vor Drucklegung aufgelegt – bislang bot man nämlich kein Serienauto mit 1000 Pferdestärken an. Der Porsche Taycan Turbo GT kommt aber jetzt mit 1108 PS. Geht doch.

Um die Kraft auf den Boden zu bringen, hat Porsche die Aerodynamik des Taycan verändert: Es gibt einen größeren Frontspoiler sowie einen Gurney-Flap auf dem adaptiven Heckspoiler, zusätzlich helfen seitliche Blades. In Kombination mit dem optionalen „Weissach-Paket" trägt die Sportlimousine einen feststehenden Heckflügel, die Rückbank verschwindet. Statt der Fondsitze gibt es eine Gepäckablage aus Carbon, was rund 22 Kilo einspart. Insgesamt wiegt der Turbo GT mit Weissach-Paket 75 Kilo weniger als der in der Performance-Rangliste zweitplatzierte Taycan Turbo S. Weitere Leichtbau-Maßnahmen betreffen Räder und Bremsen, Dünnglas, Dämmung sowie den Verzicht auf den zweiten Ladeanschluss. Trotzdem kommen letztlich 2,2 Tonnen Wagengewicht zusammen.

Lars Kern, bei Porsche als Testfahrer für die Rekorde zuständig, hat auch gleich in Laguna Seca mit 1:27,87 Minuten und auf der Nordschleife des Nürburgrings mit 7:07,55 Min. neue Bestmarken für ein elektrisches Serien- bzw. Vorserienauto in den Asphalt gebrannt. Da hilft auch das Sprintvermögen von 0 auf 100 km/h in 2,2 Sekunden sowie 305 km/h Spitze. Verzögert wird mit keramischen Leichtbau-Bremsen. Spektakulär ist der „Attack Mode", der derjenigen in der Formel E ähnelt. Für je zehn Sekunden ist auf Knopfdruck eine Mehrleistung von bis zu 120 kW abrufbar – der Boost wird durch einen Countdown-Timer im Kombiinstrument angezeigt, mit animierten Ringen im Tachometer dynamisch inszeniert und kommt mit 50 kW mehr als bei den bisherigen Taycan-Modellen. Auch beim Antrieb selbst hat Porsche nachgeschärft: „An der Hinterachse kommt ein leistungsstärkerer und effizienterer Pulswechselrichter mit Siliziumkarbid als Halbleitermaterial zum Einsatz. Das reduziert die Schaltverluste im Pulswechselrichter erheblich und ermöglicht höhere Schaltfrequenzen," werben die Stuttgarter. Als Reichweite laut WLTP gibt Porsche bis zu 555 Kilometer an. Sowohl Taycan Turbo GT als auch Taycan Turbo GT mit Weissach-Paket starten in Deutschland bei je 240.000 Euro.

Pininfarina Battista Cinquantacinque

Zugegeben: Für deutsche Zungen ist der Name nicht leicht auszusprechen – beschäftigen wir uns also lieber mit den Tatsachen: Der Pininfarina Battista Cinquantacinque ist inspiriert von einer Automobillegende der Fünfzigerjahre, nämlich dem Lancia Florida Show Car von 1955, einst von Pininfarina erschaffen. Deswegen auch der Name „Cinquantacinque", was nichts anderes bedeutet als „55". Der 2+2-sitzige Lancia Florida wurde als rollende Skulptur bekannt, die neue Designperspektiven eröffnete. Pinins persönliches Exemplar soll er täglich benutzt haben.
Der Sonder-Battista trägt außen das ikonische „Blu-Savoia-Gloss", zusätzlich das kontrastierende „Bianco Sestriere Gloss"-Dach. Er ist bestückt mit einzigartigen Inschriften, die auf sein Erbe und seine Herkunft hinweisen. Die Beifahrertürplatte sowie die Unterseite des aktiven Hecktrakts verfügen beide über die Signatur „Cinquantacinacinque 55".
Jeder Battista wird von vier unabhängigen Elektromotoren und einer leistungsstarken 120-kWh-Lithium-Ionen-Batterie angetrieben, die 1900 PS und 2340 Nm maximales Drehmoment liefert. Damit ist der Sprint von 0-100 km/h in 1,86 Sekunden möglich, 0-200 km/h klappt in 4,75 Sekunden. Die Reichweite wird mit bis zu 476 Kilometern angegeben.

Bauart:	Coupé
Baujahr:	2024
Motor:	vier E-Motoren
Hubraum:	entfällt
Leistung:	1900 PS
Getriebe:	entfällt
Antrieb:	Allrad
Gewicht:	k.A.
Vmax:	k.A.

Aston Martin Valhalla

Bauart:	Coupé
Baujahr:	ab 2024/2025
Motor:	V8-Biturbo und E-Motor
Hubraum:	k.A.
Leistung:	1012 PS
Getriebe:	Achtgang-Doppelkupplung
Antrieb:	Allrad
Gewicht:	1350 Kilo
Vmax:	330 km/h

Dass der RB-001, später bekannt als Valkyrie, früher auf den Markt kommt als der RB-003, die kleinere, schwächere und alltagstauglicherer Schwester namens Valhalla, hat bei der Erstpräsentation beider im Jahr 2019 niemand vermutet. Die Valhalla (britische Autos sind eigentlich immer weiblich) ist aber genauso ein Hypersportler mit Mittelmotor, bei dem Konzepte und Technologien direkt aus der Formel 1 übernommen werden. Allerdings profitiert die Valhalla von neuen Morphing-Technologien aus dem Flugzeugbau. Etwas Besonderes ist der Flex-Foil-Heckflügel, der in das Carbon-Monocoque eingearbeitet ist und die Downforce ändern kann, ohne sich zu bewegen.

Aston Martin baut das Chassis, Red Bull alle aerodynamisch wichtigen Teile. Die Kraft von 1014 PS kommt von einem Vierliter-V8-Biturbo von Mercedes-AMG. Neu ist das „Nexcel Sealed Oil-System", das es erlaubt, einen Ölwechsel in 90 Sekunden zu erledigen – besonders gut für die Rennstrecke. Der 812 PS starke Vierliter-V8-Biturbo wird unterstützt von zwei insgesamt 200 PS starke Elektromotoren: Einer sitzt an der Vorderachse, der zweite ist ins Getriebe integriert. Insgesamt ergeben das 1012 PS und 1000 Nm ergeben. Eine Achtgang-Doppelkupplung übersetzt die V8-Kraft an die Hinterräder, der E-Motor vorne treibt die Vorderachse an, was zusammen Allradanrieb ergibt. So gerüstet klappt der Sprint von 0 auf 100 km/h in 2,5 Sekunden. Das Kohlefaserauto besitzt zudem adaptive Dämpfer und zweistufige Federn. Eine Vielzahl von Fahrerassistenzen ist integriert, eine Kamera sorgt für guten Rück-Blick. Ab 2021 sollten die Autos ausgeliefert werden – jetzt sieht es eher nach Ende 2024 oder 2025 aus.

Übrigens: Meine gegenüber dem damaligen AM-Chef Tobias Moers vermutete Überlegung, die Valhalla könnte die Valkyrie für arme Leute werden, wurde brüsk zurückgewiesen. Kein Wunder: Der Einstandspreis beträgt immerhin rund 800.000 Dollar. Kann auch nicht jeder stemmen. Muss aber auch nicht: Genau 999 Stück sollen gebaut werden.

Rezvani Beast

Eigentlich ist der Name irreführend. „Beast" suggeriert, dass das Auto fiese zu seinem Fahrer ist – aber das Gegenteil ist der Fall: Das „Beast" ist ein perfekter Verteidiger seines Piloten, ein „Defender". Nur leider ist der Name schon vergeben. Denn das Auto soll seine Insassen hauptsächlich beschützen – vor allem mit dem 007-Paket.

Bauart:	Coupé
Baujahr:	2024
Motor:	V8-Biturbo
Hubraum:	6200 ccm
Leistung:	1014 PS
Getriebe:	Achtgang-Automatik
Antrieb:	Hinterräder
Gewicht:	1340 Kilo
Vmax:	k.A.

Zunächst sind da mal 1014 PS, generiert von einem V8-Biturbo, der durch eine kleine Scheibe im Heck erblickt werden kann. Damit kann man schon mal ziemlich schnell flüchten – in 2,6 Sekunden ist man vom Stillstand auf 100 km/h, die Viertelmeile schafft das Beast in 9,6 Sekunden. Mehr Daten gibt der Hersteller Rezvani nicht preis – eine kleine Autoschmiede aus Helena, Montana, USA. Die begann 2014 mit einem Beast auf Ariel Atom-Basis, die zweite Ausgabe wurde auf einem Lotus Elise aufgebaut. Jetzt steckt eine Corvette C8 drunter, wobei deren 1190 Nm starker V8 von zwei Turboladern zwangsbeatmet wird. Eine Achtgangautomatik leitet die Kraft an die Hinterräder. Der Body besteht aus Carbon, was ein Gewicht von nur 1340 Kilo ermöglicht. Das oben offene Lenkrad hat wohl wenig damit zu tun, ist allerdings eine nette Spielerei.

Keine Spielerei ist das optionale 007-Paket. Das besteht aus kugelsicheren Scheiben, einer Panzerung, einem Unterschutz gegen Explosionen, schusssicheren Reifen aus dem Militärbereich, Blendscheinwerfern, diversen Signalleuchten, einem Nachtsichtgerät mit Infraroterkennung, einer gegen elektromagnetische Impulse gesicherten Elektronik, Rammstangen, kugelsicheren Helme und Westen, einem Pfeffersprayzerstäuber, Gasmasken und einem Erste-Hilfe-Kit mit Defibrillator. Die Kosten sind dabei – im Vergleich zu anderen Hypercars – übersichtlich: Ein pures Exemplar kostet gut 450.000 Euro, die gesamte Schutzstaffelage gibt es für rund 96.000 Euro dazu. Allerdings kommen nur 20 Kunden in den Genuss eine Beasts – mehr sollen nicht gebaut werden.

Zenvo Aurora Tur/Agil

Bauart:	Coupé
Baujahr:	ab 2025
Motor:	V12-Quattroturbo, drei E-Motoren/V12-Quattroturbo, ein E-Motor
Hubraum:	6600 ccm
Leistung:	1876/1470 PS
Getriebe:	hybridisierter Siebengang-Handschalter
Antrieb:	Hinterräder/Allrad
Gewicht:	1450/1250 Kilo
Vmax:	450/365 km/h

Der Aurora ist das dritte Hypercar der Powerspezialisten aus Dänemark – es ist nicht anderes als das leichteste und leistungsstärkste Straßenauto, das Zenvo Automotive je produziert hat. Der Name basiert auf dem Lichtphänomen „Aurora Borealis", besser bekannt als Nordlicht. Angetrieben werden die beiden Aurora-Modelle Tur und Agil von je einem 6,6-Liter-V12 aus Aluminium mit vier kleinen Turboladern, die den Druck besser managen sollen als zwei große. Entwickelt hat das Hyper-Aggregat „Mahle Powertrain". Der Flexfuel-Zwölfender mit seinem 90-Grad-Bankwinkel kann auch kohlenstoffarmen synthetischen Kraftstoff verarbeiten und soll besonders hohe Drehzahlen problemlos in Kraft umsetzen. Seine 1267 PS werden bei 8000 Touren entfesselt, das Drehzahllimit ist erst bei 9800 Umdrehungen erreicht.

Das ist aber noch nicht alles: Der V12 bekommt zusätzlich Hilfe von einem 150 kW starken E-Motor, der in das im Getriebe platzierte Hinterachsdifferenzial integriert wurde und die Funktionen eines Startergenerators übernimmt. In der Allrad-Variante kommen zwei weitere, je bis zu 200 kW starke E-Maschinen an den Vorderrädern zum Einsatz. Dank der Elektrounterstützung beträgt die Systemleistung bis zu 1876 PS und 1700 Nm. Die reine Hinterradantriebsvariante liegt muss sich mit 1470 PS und 1400 Nm zufriedengeben. So oder so: Die Kraft des V12 wird über ein hybridisiertes Siebengang-Handschaltgetriebe auf die Hinterräder übertragen. Wer rückwärts fährt, bemüht automatisch den Elektromotor im Getriebe. Fahrer und Beifahrer sitzen in einem Carbon-Monocoque. Selbst der Hilfsrahmen besteht aus Kohlefaserlaminat.

Die eher komfortorientierte Variante stellt der „Tul" dar, die Trackversion wurde „Agil" getauft. Der Tul ist ein Hyper-GT, der grundsätzlich Allradantrieb besitzt. Seine Aerodynamik ist auf Top-Speed ausgelegt. Er wiegt 1450 Kilo und soll beeindruckende 450 km/h rennen. Den Sprint von 0 auf 100 km/h erledigt er in 2,3 Sekunden, 300 km/h in neun Sekunden und 400 km/h in 17 Sekunden. Der Agil dagegen wiegt nur 1250 Kilo und besitzt grundsätzlich Hinterradantrieb – allerdings ist Allradantrieb möglich, was nicht nur ein paar Euro mehr kostet, sondern auch noch zusätzliche 150 Kilogramm mit sich bringt. Das Getriebe agiert extrem bissig, die Aerodynamik mit vielen Spoilern und Flügel kümmert sich zuverlässig um viel Downforce – zum Beispiel bei 250 km/h bis zu 880 Kilogramm zusätzlich. Deswegen beträgt die Vmax nur 365 km/h. Der Standardsprint ist trotzdem in 2,5 Sekunden erledigt, die 200 km/h-Marke fällt nach 4,6 Sekunden und 300 km/h stehen nach zehn Sekunden auf der Uhr. Die Produktion soll 2025 beginnen, geplant sind nur 100 Exemplare.

Nilu27

Sasha Selipanov hat zweifellos eine Traumkarriere als Designer gemacht: Zuerst Mitarbeit am Lamborghini Huracán und Bugatti Chiron, dann für die Hyundai-Edelmarke Genesis verantwortlich, schließlich bei Koenigsegg gelandet und den Gemera und den CC850 „gemacht". Dann gründete er einfach seine eigene Hypercar-Marke mit dem Namen „Nilu (steht für eine Kombination der Vornamen seiner beiden Töchter Nica und Lucia) und entwarf den Nilu27 (die Nummer ist eine Referenz an eine vom ehemaligen F1-Piloten Gilles Villeneuve häufiger getragene Startnummer).

Bauart:	Coupé
Baujahr:	2024
Motor:	V12
Hubraum:	6500 ccm
Leistung:	1070 PS
Getriebe:	Siebengang-Handschalter
Antrieb:	Hinterräder
Gewicht:	ca. 1200 Kilo
Vmax:	400+ km/h

Inspiriert haben ihn die Rennfahrer der 60er Jahre und Le Mans, klassische italienische Designhäuser, die Bauhaus-Philosophie „form follows function", altmodische Muskel- und Drift-Cars, Mathematik sowie Avantgarde-Metal-Musik. Im Zentrum steht ein Kohlefaser-Moncoque mit Alurohrrahmen. Zwei Personen finden Platz, sie entern das Auto dank zweier Flügeltüren. Befeuert wird das Hypercar durch einen V12-Saugmotor mit 6,5 Liter Hubraum von Hartley Engines aus Neuseeland, der für 1070 PS sorgt. Das Schönste: Das Exterieurdesign lässt den Blick auf den kompletten Zwölfzylinder zu – so kann man ein Aggregat gebührend feiern. Die dazugehörige Auspuffanlage wurde in Inconel 3D-gedruckt, so dass ein besonders komplexes Design realisiert werden konnte. Das Fahrwerk besteht unter anderem aus doppelten Querlenkern und Pushrods. Verzögert wird mit Kohlekeramik-Brembos.

Innen dreht sich alles um manuelle, analoge Steuerungen. Der einzige Bildschirm steckt im mittigen „Rückspiegel". Das kompakte, runde Lenkrad soll ein spezielles Lenkgefühl und Lenkpräzision vermitteln. Die Kraft wird über ein Siebengang-Schaltgetriebe an die Hinterräder übertragen, optisch gefällig dank offener Schaltkulisse. Erstmal sind 15 Stück für die Rennstrecke geplant, 54 straßenzugelassene Exemplare sollen folgen.

nitu 27

BRABUS ROCKET GTS

BRABUS
BRABUS ROCKET GTS

Brabus Rocket GTS

Den ersten „Hyper Gran Turismo Shooting Brake" nennt Brabus seinen neuen 1000-PS-Renner, den Rocket GTS. Zum ersten Mal in seiner Geschichte fertigen die Bottroper die 198,5 Zentimeter breite Shooting-Brake-Karosserie komplett aus besonders leichtem, aber hochfestem Sicht-Carbon. Der 2+2-Sitzer-Hybrid wird angetrieben von einem 4,5 Liter großen V8-Biturbo und einem E-Motor, die gemeinsam für 1820 Newtonmeter maximales Drehmoment sorgen könnten – um den Antrieb zu schonen, ist das Drehmoment aber auf 1620 Nm limitiert. Der V8 allein sorgt schon für 796 PS und limitierten 1050 Nm, der E-Motor leistet 204 PS. Dank Allradantrieb geht's in 2,6 Sekunden aus dem Stand auf Tempo 100, nach 9,5 Sekunden sind 200 km/h erreicht, nach 23,6 Sekunden ist der GTS 300 km/h schnell. Die Höchstgeschwindigkeit ist elektronisch auf 317 km/h begrenzt. Brabus verspricht perfekt aufeinander abgestimmte Aerodynamikanbauten. Der integrierte Spoiler vorne soll bei hohem Tempo den Auftrieb an der Vorderachse reduzieren, die großen Lufteinlässe leiten den Fahrtwind zu den Kühlern und den vorderen Bremsen. Hinten bildet eine Rocket-Schürze mit integriertem Sicht-Carbon-Diffusor den Abschluss. Der GTS ist als 2+2-Sitzer ausgelegt und wird nur auf Kundenwunsch in limitierter Auflage gebaut. Preis für den Beau: 938.910 Euro brutto.

Bauart:	Shooting Brake
Baujahr:	ab 2025
Motor:	V8-Biturbo und ein E-Motor
Hubraum:	4407 ccm
Leistung:	1000 PS
Getriebe:	Neungang-Automatik
Antrieb:	Allrad
Gewicht:	k.A.
Vmax:	317 km/h

Engler V12 Quadbike

Bauart:	Quad
Baujahr:	ab 2025
Motor:	V12
Hubraum:	k.A.
Leistung:	1200 PS
Getriebe:	k.A.
Antrieb:	k.A.
Gewicht:	1200 Kilo
Vmax:	k.A.

„Ich wollte ein Biest erschaffen, das auf den ersten Blick Kraft, Geschwindigkeit und Leistung darstellt. Aber all diese Dinge dienen in der Regel nur einem Zweck: einfach und schön auszusehen. Deshalb haben wir uns darauf konzentriert, die Proportionen auszugleichen und die geraden Linien und großen schwebenden Flächen zu nutzen, um maximalen Abtrieb und maximale Leistung zu erzeugen." So erklärt Designer Peter Glova die zweite Generation des Superbikes von Viktor Engler. Und dessen Credo ist: „Wir geben nicht auf, bis wir Legenden sind."
Das will er mit dem V12 Quadbike werden – ein Inbegriff der Hypercarwelt, wie er meint. Der Fokus liegt auf der reinen, unverfälschten Leistung des V12-Motors, der maximal 1200 PS leistet und über eine selbstentwickelte Achtgang-Doppelkupplung die Räder erreicht – für schwächere Nerven werden auch 700 PS angeboten. Woher der Motor kommt, verrät Engler zurzeit der Drucklegung dieses Buches noch nicht. Auf Batterien und Hybridantrieb verzichtet die Firma. Das Achtgang-Doppelkupplungsgetriebe ist eine Eigenentwicklung. Es soll mit 30 Kilo das leichteste der Welt sein, kann aber die anstehenden 1200 Nm Drehmoment aushalten. Engler hat darauf geachtet, dass minimale aerodynamische Zusatzteile wie aktive Klappen für viel Effizienz sorgen. Die Aufhängung des V12 wird mit 3D-Drucktechnologie aus Titan gefertigt. Darüber hinaus sind die höhen- und kraftverstellbaren Stoßdämpfer ein eigenes Produkt. Die Magnesiumräder sind geschmiedet, darunter stecken Carbon-Keramik-Bremsen. Der Titanauspuff ist mit Keramik beschichtet, was eine effiziente Wärmeableitung gewährleistet und gleichzeitig das Gesamtsystem leicht macht.
Das Carbon-Monocoque ist über ein Netzwerk aus 3D-gedruckten Titanstangen, -halterungen und anderen Befestigungselementen auf komplexe Weise mit Motor, Rädern, Aufhängung und Karosserie verbunden. Das Cockpit verfügt über zwei Bildschirme. Einer zeigt alle fahrbezogenen Daten an, während der andere Unterhaltungsoptionen bietet, einschließlich der nahtlosen Integration von Apple CarPlay. Der V12 kommt ohne Pedale aus – jede Funktion des Engler wird per Hand gesteuert, ohne die Hände vom Lenkrad nehmen zu müssen. Preis des Höllenautoquadbikes: etwa 1,2 Millionen Euro.

Red Bull RB17

Bauart:	Coupé
Baujahr:	ab 2025
Motor:	V10-Sauger und E-Motor
Hubraum:	4500 ccm
Leistung:	1200 PS
Getriebe:	sequenzielle Sechsgang-Automatik
Antrieb:	Hinterräder
Gewicht:	900 Kilo
Vmax:	350 km/h

Dass Red Bull nicht nur für Energydrinks, geflügelte Werbung und Formel 1 besteht, weiß man schon längst. Auch die Betreuung und Kommunikation von Extremsportarten scheint dem umtriebigen Imperium des 2022 verstorbenen Firmengründers Dieter Mateschitz nicht zu genügen – jetzt gibt's obendrauf ein Hypercar. Das RB17 genannte Projekt wird von Formel 1-Designchef Adrian Newey verantwortet. Und da man wieder ganz vorne mitspielen will, geraten die Eckdaten auch durchaus beeindruckend: 1200 PS stark, 900 Kilo leicht, zu haben für knapp sechs Millionen Euro netto. Nur 50 Glückliche kommen in den Genuss des Hypercars.

Red Bull Advanced Technologies zeigte bereits 2010, zu was die Firma in der Lage ist: Der X2010 war ein Rennwagen mit mehr als 1500 PS, wog nur 545 Kilo Leergewicht, sollte 500 km/h fahren können und G-Kräfte von maximal 8G erreichen. Grau war alle Theorie: Das Auto fuhr nur virtuell im Playstation-Rennspiel „Gran Turismo 5". Ein einziges Showcar entstand tatsächlich, wirklich fahren konnte es nicht.

Der RB17 soll es nun aber ernst meinen mit seiner Carbonkarosserie. Der leichte Sportler sollte zunächst angetrieben werden von einem V8-Biturbo-Hybridantrieb, aber jetzt scheint man sich für einen 4,5-Liter-V10-Saugmotor mit 1000 PS entschieden zu haben. Hinzu kommt allerdings noch ein E-Motor, der 200 PS beisteuert – macht 1200 PS. Die Leistung wird über ein sequenzielles Sechsgang-Carbon-Getriebe von Xtrac an die Hinterachse übertragen. Summa summarum soll das Hypercar 350 km/h schnell sein. Dem Vernehmen nach soll der Mittelmotor-Racer auch eine Straßenzulassung bekommen, wie sie auch die Valkyrie von Aston Martin hat, an deren Entwicklung Newey beteiligt war. Optisch kommt der RB17 wie ein Mix aus Le-Mans-Prototyp und Formel-1-Rennwagen daher. Bei 250 km/h soll das Fahrzeug 1700 Kilogramm Abtrieb produzieren. Gebremst wird mit reinen Carbon-Bremsscheiben, nicht mit einem Carbon-Keramik-System. Zur aerodynamischen Ausstattung gehören vollverkleidete 18-Zoll-Felgen, die mit Michelin-Slicks bezogen werden.

Die ersten Kundenfahrzeuge des im Juli 2024 in Goodwood vorgestellten Hypercars sollen nicht vor 2025 ausgeliefert werden. Pro Jahr plant Red Bull 15 RB17 zu bauen. Europäer zahlen rund 5,8 Millionen Euro pro Exemplar – ohne Steuern.

Tesla Roadster

Bauart:	Roadster
Baujahr:	ab 2025
Motor:	drei E-Motoren
Hubraum:	entfällt
Leistung:	1000 PS
Getriebe:	entfällt
Antrieb:	Allrad
Gewicht:	k.A.
Vmax:	402 km/h

Teslas allererstes Auto kam bereits als offenes Vehikel: Der erste Tesla Roadster war von 2008 bis 2012 zu haben. Er wurde auch damals schon rein elektrisch angetrieben. Mr. Musk griff einst allerdings noch auf ein Lotus-Chassis zurück. Etwa 2450 Stück sind gebaut und verkauft worden, jeder 292 PS stark. Mercedes-Tuner Brabus hatte damals sogar noch ein paar gepimpt.
Schon 2020 sollte es einen neuen Tesla Roadster geben – aus welchen Gründen auch immer zieht es sich bis heute. Zumindest wirbt Tesla auf seiner Website für das Hypercar: 1000 PS, sagenhafte 10.000 Newtonmeter maximales Drehmoment, der Sprint auf 100 km/h in 2,1 Sekunden. Die weiteren Beschleunigungswerte: 4,2 Sekunden auf 100 mph (161 km/h), die 1/4-Meile (400 Meter) in 8,8 Sekunden. Die mögliche Höchstgeschwindigkeit soll bei 400 km/h liegen.
Drei Elektromotoren sorgen für den Vortrieb – zwei hinten, einer vorne. Allradantrieb ist obligatorisch. Die maximale Reichweite beträgt 1000 Kilometer. Die Aerodynamik soll perfekt sein, vier Sitzplätze (hinten eher knapp bemessen) stehen zur Verfügung. Ein Glasdach kann montiert und auch im Kofferraum verstaut werden.
Noch im Mai 2021 nennt der Tesla-Boss 1,1 Sekunden für den Sprint auf 100 km/h – wenn das Auto bestückt ist mit dem „SpaceX-Paket". Das verspricht Raumfahrtechnik im Auto, denn damit soll auf kurzen Teilstrecken eine noch schnellere Beschleunigung möglich sein und das Bremsverhalten und die Straßenlage verbessert werden. Dafür werden die Rücksitze durch einen Druckluftbehälter ersetzt, wie er auch in Falcon-9-Raketen zum Einsatz kommt, und rund um das Fahrzeug werden Kaltgastriebwerke („Steuerdüsen") angebracht. Das dürfte dann schon fast wie Fliegen sein.
2017 wurde mit einem Kaufpreis von 200.000 US-Dollar für das Basismodell gerechnet. Für die „Founder's Series", die ersten 1000 produzierten Exemplare, plante Tesla ein Stückpreis von 250.000 US-Dollar.

Ferrari F80

Das jüngste Hypercar von Ferrari (in Maranello selbst werden nur ihre Rennwagen als „Hypercars" bezeichnet) in der Tradition von 288 GTO, F40, F50, Enzo und La Ferrari heißt F80 – Ende 2024 vorgestellt, ab Ende 2025 gebaut. Das letzte Exemplar kommt 2027, dem 80. Geburtstag der Firma – daher der Name. Das ist aber nicht die einzige Überraschung: Es ist ein 1+-Auto. Das bezieht sich auf die Sitzkonfiguration: Dem leicht liegenden Piloten steht ein verstellbarer Schalensitz zur Verfügung, von dem er das Auto über ein ovales Lenkrad dirigiert – der Beifahrer muß mit leicht gepolsterten Flächen Vorlieb nehmen, die direkt auf die Passagierzelle aufgebracht wurden und nicht verstellt werden können. Und auch bei der Motorisierung haben sich selbst harte Fans geirrt: Kein V12 oder V8 ist als Mittelmotor eingebaut, sondern ein Dreiliter-V6-Biturbo, der von insgesamt vier Elektromotoren unterstützt wird. Zwei sitzen in den zwei Turbos und geben wie der Verbrenner ihre Power an die Hinterräder ab, zwei befinden sich an der Vorderachse und sorgen somit für Allradantrieb. Insgesamt stehen dank 800-Volt-Hybridsystem 1200 PS und 1092 Nm maximales Drehmoment zur Verfügung, was den F80 zum schnellsten Straßen-Ferrari aller Zeiten macht. Außerdem ist es das gleiche Antriebskonzept, das auch im Ferrari 499P steckt – dem Renner, der zwei Mal in Folge bei den 24 Stunden von Le Mans siegte. Für die Kraftübertragung ist eine Achtgang-Doppelkupplung zuständig.

Bauart:	Coupé
Baujahr:	ab 2025
Motor:	V6-Biturbo und vier E-Motoren
Hubraum:	2992 ccm
Leistung:	1200 PS
Getriebe:	Achtgang-Doppelkupplung
Antrieb:	Allrad
Gewicht:	1525 Kilo
Vmax:	350 km/h

So bestückt sind abgeregelte 350 km/h Spitze möglich, der Sprint auf 100 km/h soll in 2,15 Sekunden gelingen, von 0 auf 200 km/h soll man in 5,75 Sekunden sein. Die Carbon-Keramikbremsanlage sorgt für ebensogute Verzögerungswerte des leer 1552 Kilo schweren Hybriden: Ferrari hat von 100 km/h auf null 28 Meter gemessen, von 200 km/h bis zum Stillstand sind es 98 Meter. Die Fiorano-Runde geben die Roten mit 1:15,3 Minuten an – Bestwert für einen Straßen-Ferrari, auch dank insgesamt 1050 Kilo Abtrieb bei 250 km/h.

799 Exemplare sollen gebaut werden, Stückpreis in Italien inklusive Steuern 3,6 Millionen Euro. Bewerbung zwecklos: Alle waren schon vor dem Launch vergeben.

McLaren W1

Es gab einen McLaren F1, einen McLaren P1 – nun ist es Zeit für einen W1. Der Zeitpunkt der Präsentation von McLarens neuem Hypercar ist eine Hommage an McLarens Weltmeisterschaftsvergangenheit: Das Datum der Präsentation, der 6. Oktober 2024, markiert den 50. Jahrestag des Gewinns der ersten McLaren-Konstrukteurs-Weltmeisterschaft in der Formel 1 sowie den Gewinn der Fahrer-Weltmeisterschaft 1974 durch Emerson Fittipaldi auf McLaren.

Selbstverständlich kommt der W1 mit vielen Superlativen: Der nagelneue Vierliter-V8-Biturbo des Hybridantriebes leistet allein 928 PS – das ist mit 233 PS pro Liter Hubraum die höchste Leistung, die ein McLaren-Motor je abgab. Er dreht bis zu 9200/min. Hinzukommt ein 347 PS starker E-Motor, was zusammen 1275 System-PS und 1340 Nm ergibt: So stark war noch kein McLaren-Straßenauto. Wie bei McLaren üblich ist das Carbon-Coupé mit 1399 Kilo extrem leicht und erreicht mit 911 PS pro Tonne das höchste Leistungsgewicht aller McLaren-Sportwagen. Extrem auch die Aerodynamik: Der Rennmodus senkt das Fahrzeug vorne um 37 Millimeter und hinten um 17 Millimeter ab. Vorne sorgen zwei kleine Elektromotoren für die aktive Luftführung des Bugspoilers, hinten arbeiten vier E-Motoren, die den Heckflügel nicht nur in sich verstellen können, sondern auch 300 Millimeter nach hinten ausfahren, um aus dem Straßenwagen einen Longtail-Rennwagen zu machen. Bis zu einer Tonne Antrieb sind damit möglich. Natürlich ist der W1 auch in Sachen Sprint und Vmax der schnellste McLaren-Straßenwagen aller Zeiten: 0 bis 100 km/h in 2,7 Sekunden, 0 bis 200 km/h werden in 5,8 Sekunden erreicht, 0 bis 300 km/h in knapp 12,7 Sekunden. Die Vmax ist elektronisch auf 350 km/h begrenzt. Ein neues Achtganggetriebe überträgt die Kraft ausschließlich an die Hinterräder. Für den Wochenend-Ausflug bleiben 117 Liter Stauraum, einzig die rein elektrische Reichweite enttäuscht ein bisschen: ganze zwei Kilometer. Nur 399 Stück werden gebaut, bereits zum Tag der Präsentation waren sie alle verkauft. Preis: in Großbritannien zwei Millionen Pfund inklusive Steuer.

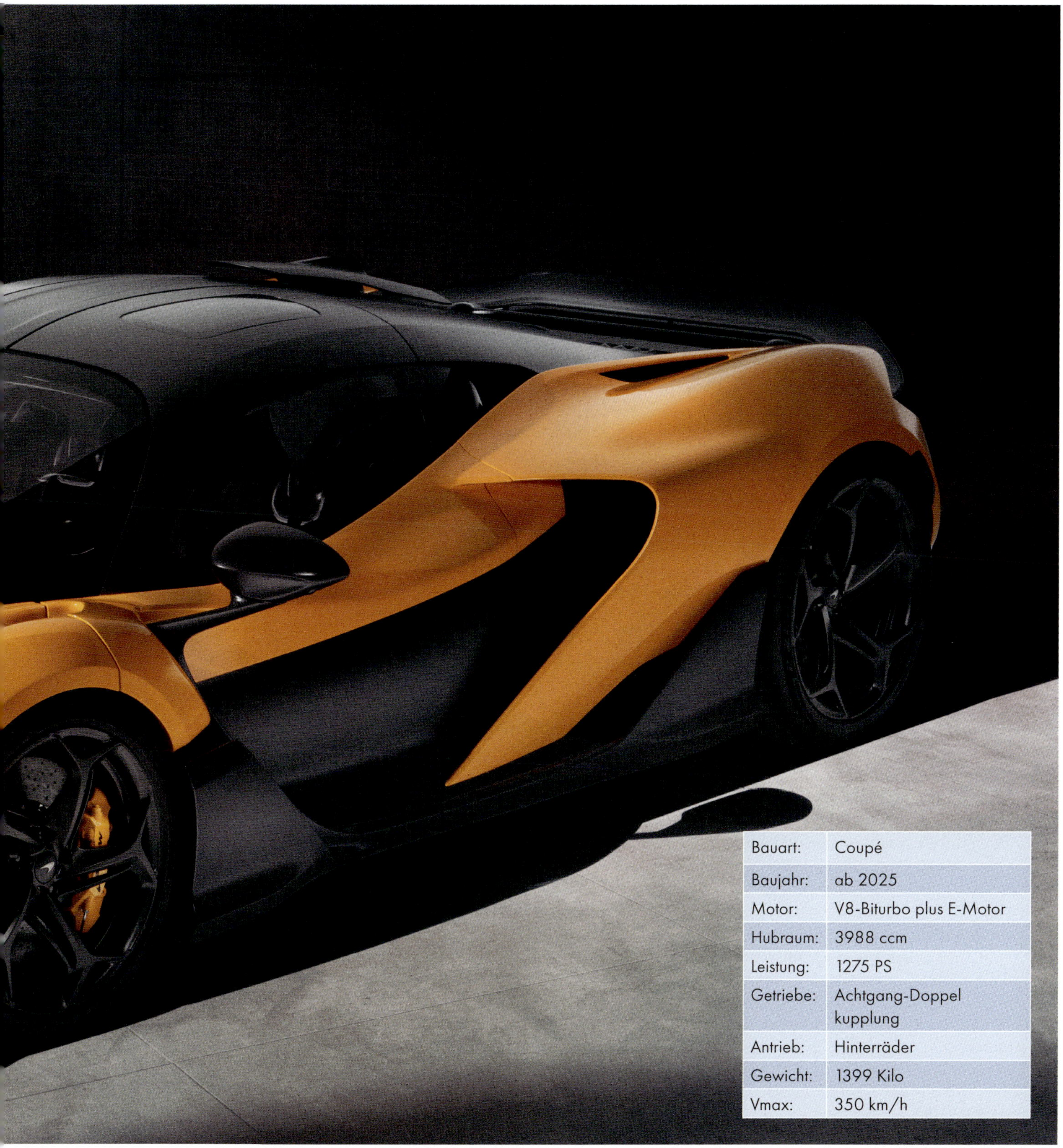

Bauart:	Coupé
Baujahr:	ab 2025
Motor:	V8-Biturbo plus E-Motor
Hubraum:	3988 ccm
Leistung:	1275 PS
Getriebe:	Achtgang-Doppel kupplung
Antrieb:	Hinterräder
Gewicht:	1399 Kilo
Vmax:	350 km/h

Bugatti Tourbillon

450 Veyron wurden im Bugatti-Werk – sorry: im „Atelier" – gefertigt, hinzu kommen insgesamt 500 Chiron und 51 Sondermodelle. Und nach genau 1001 Bugatti der Neuzeit schlagen die Deutschfranzosenkroatier ein neues Kapitel auf mit dem Tourbillon, dem ersten Hybrid-Bugatti. Die wichtigsten Elemente des Wagens – damit schon mal klar ist, an welche Klientel sich das neue Hypercar richtet: ein W16-Saugmotor für die Emotionen, drei E-Motoren für adäquate Kraft, ein Cockpit ohne sichtbaren Bildschirm fürs Auge und ein Tacho, der bis 550 km/h anzeigt – für den Alleinstellungsanspruch. Anders ausgedrückt: 1800 PS, Allradantrieb, 445 km/h Spitze und ein paar hochexklusive Rundinstrumente auf der Lenkradnabe, wo sie sich bei Kurvenfahrten nicht mitdrehen können.
Allein das Kombiinstrument besteht aus Materialien für die Ewigkeit und Formen, die an das ursprüngliche „Tourbillon" erinnern. Das französische Wort bedeutet „Wirbelwind" und steht für ein mechanisches Kunstwerk, das hauptsächlich bei Armbanduhren die Auswirkungen der Schwerkraft ausgleichen soll, um eine korrekte Zeitmessung zu gewährleisten. Im Bugatti wurde es tatsächlich in Zusammenarbeit mit Schweizer Uhrmachern entworfen und gebaut. Es besteht aus mehr als 600 Teilen und ist aus Titan sowie Edelsteinen wie Saphir und Rubin erschaffen worden. Die größte Toleranz liegt bei 50, die kleinste bei fünf Mikrometern, und es wiegt nur 700 Gramm. Aber auch die „schwebende" Mittelkonsole hat es in sich: Sie besteht aus Kristallglas und Aluminium, Das Glas wurde in 13 Einzelschritten hergestellt, um perfekt durchsichtig zu sein und sich bei einem Crash als stabil und sicher erweist. Die Aluminiumteile der Konsole sind eloxiert und aus einem Metallblock gefräst, während die gerändelten Aluminiumschalter an der Spitze eines komplexen Mechanismus sitzen, der unter dem Kristallglas sichtbar ist. Die Sitze sind fest eingebaut, was sie leicht macht und eine niedrige Sitzposition ermöglicht. Dafür lässt sich die Pedalerie elektrisch nach vorne und hinten verstellen, sodass jeder eine bequeme Fahrposition einnehmen kann.
Beim Exterieur-Design haben sich Chefstylist Frank Heyl und sein Team von Ikonen wie dem Type 57SC Atlantic (eines der schönsten Autos der Welt), der Type 35 (der erfolgreichste Rennwagen aller Zeiten) und vom Type 41 Royale (einer der luxuriösesten Wagen aller Zeiten) inspirieren lassen. Gesetzt waren ein hufeisenförmiger Kühlergrill, die Bugatti-Linie, die Bicolor-Farbgebung und ein Mittelsteg über das gesamte Auto.
Ein 8,3 Liter großer, mit Hilfe von Cosworth neu entwickelter Sechzehnzylinder als Saugmotor ist gekoppelt mit drei E-Motoren. Der Verbrenner allein generiert 1000 PS und 900 Newtonmeter maximales Drehmoment, die Kurbelwelle ist einen vollen Meter lang. Dieser Mittelmotor wird kombiniert mit zwei E-Motoren an der Vorderachse und einem hinten, was zusammen satte 1800 PS bedeutet. So bestückt will der Tourbillon den Sprint auf 100 km/h in genau zwei Sekunden schaffen, von 0 bis 200 km/h vergehen fünf Sekunden, von 0 bis 300 km/h zehn Sekunden und 0 bis 400 km/h schafft man in 25 Sekunden. Die Elektromotoren werden von einer ölgekühlten 800-Volt-Batterie mit 25 kWh gespeist und gelten mit bis zu 24.000 Umdrehungen zu den leistungsstärksten weltweit. Die rein elektrische Reichweite soll mehr als 60 Kilometer betragen. Das gesamte Auto wiegt knapp zwei Tonnen, wovon gerade mal 300 Kilo auf den Elektroantrieb entfallen.
Nur 250 „Wirbelwind"-Coupés werden ab 2026 zum Preis von minimal 3,8 Millionen Euro netto gebaut.

Bauart:	Coupé
Baujahr:	ab 2026
Motor:	W16 und drei E-Motoren
Hubraum:	8300 ccm
Leistung:	1800 PS
Getriebe:	Achtgang-Doppelkupplung
Antrieb:	Allrad
Gewicht:	1995 Kilo
Vmax:	445 km/h

BUGATTI

Le Mans
Hypercars

007

Mal ganz trocken, fürs Verständnis: „Die ‚Le Mans Hypercars' (LMH) ist eine Sportwagen-Prototypenklasse, die zusammen mit der LMDh die Spitzenklasse („Hypercar") in der FIA World Endurance Championship fährt. Fahrzeuge dieses Reglements werden zudem seit 2023 in der Grand Touring Prototype (GTP) Klasse der IMSA SportsCar Championship eingesetzt" – manchmal ist Wikipedia unschlagbar.

Besonders bekannt sind die Renn-Hypercars vor allem durch das ikonischste aller Langstreckenrennen, die 24 Stunden von Le Mans. Die Hypercars lösen 2021 die bisherige LMP1-Klasse (Le Mans Prototype 1) ab. Nochmal Wiki: „Ursprünglich war für die neuen LMP1-Regeln ein Einheitshybridsystem mit geringer Leistung geplant, das gemeinsam mit der IMSA eingesetzt werden sollte. Vertreter der drei Organisationen sowie aktuelle und potentielle Hersteller waren an den Gesprächen über das vorgeschlagene Reglement beteiligt, das in der Saison 2020/21 der Langstrecken-Weltmeisterschaft (WEC) eingeführt werden sollte. Zu dieser Zeit gab es eine Option für einen Kunden-Hybrid-Antriebsstrang für Kleinserienhersteller und Kundenteams, die dazu führen hätte können, dass das Reglement 2022 das des Daytona Prototype International (DPi) in der Spitzenklasse der WeatherTech SportsCar Championship ablöste. Dies ermöglichte die Vereinheitlichung des Spitzensportwagensports, wobei Teams und Hersteller mit demselben Auto in der „Triple Crown" (24 Stunden von Daytona, 24 Stunden von Le Mans, 12 Stunden von Sebring) des Langstreckensports antreten können. Diese ursprünglichen Pläne zielten auf eine erhebliche Kostenreduzierung bei gleichzeitiger Beibehaltung des Leistungsniveaus der LMP1-Prototypen ab."

Für ein Hypercar-Reglement setzen sich 2018 zunächst Toyota, Ford, McLaren, Aston Martin und Ferrari mit den Organisatoren zusammen. Erste Ideen: freies Motordesign, maximal 980 Kilo schwer, maximaler Kraftstoffdurchsatz vorgegeben, E-Motor an der Vorderachse maximal 270 PS stark, Allradantrieb, maximale Leistung des Verbrenners 700 PS. Das alles in einem Zweisitzer, dazu optisch eine Silhouette, die Straßenfahrzeugen ähnelt. Hersteller sollten ihre selbstentwickelten Hybridsysteme Privatteams zur Verfügung stellen. Zielrundenzeit in Le Mans: 3:20 Minuten, also etwas langsamer als ihre Vorgänger aus der LMP1.

Am 25. Juli 2018 gibt die Scuderia Cameron Glickenhaus als erster Hersteller offiziell die Teilnahme unter dem neuen Reglement bekannt. Alle anderen sind aber noch nicht soweit. Inzwischen diskutiert man eine maximale Gesamtleistung des Verbrennungs- und Elektro-Hybridsystems von etwa 950 PS. Der Verbrennungsmotor soll nun nur noch 681 PS leisten dürfen. Dieselantriebe sind grundsätzlich verboten, die Kostenobergrenze von drei Millionen Euro für die Lieferung von ERS-Systemen an Kundenteams festgeschrieben.

Das Minimalgewicht der neuen Generation wird von den ursprünglich angedachten 980 Kilo auf 1040 Kilo bei einer maximal zulässigen Länge von fünf Metern erhöht. Die Cockpitbreite wird auf zwei Meter angehoben.

2019 wird den Herstellern erlaubt, Rennwagen einzusetzen, die von straßentauglichen Hypercars abgeleitet sind. Inzwischen boomt nämlich der Hype nach Supersportwagen mit mehr als 1000 PS, so dass immer mehr straßenzulässige Hypercars in die Welt der Superreichen treten. Daher wird die Zielrundenzeit in Le Mans von 3:20 auf 3:30 Minuten erhöht – und bewegliche aerodynamische Vorrichtungen werden aus Kostengründen verboten. Zudem wird 2020 die maximale Leistung auf 670 PS gesenkt und das minimale Fahrzeuggewicht auf 1030 Kilo festgelegt.

2021 enthüllt Peugeot seinen Hypercar-Racer 9X8, aber in der WEC-Saison 2021 starten tatsächlich nur Toyota und Glickenhaus in der Hypercar-Klasse sowie ein modifizierter LMP1-Bolide von Alpine – Toyota gewinnt. 2022 stößt Peugeot dann endlich mit dem 9X8 dazu. Zur Saison 2023 haben sich die LMH-Boliden von Vanwall (ehemals ByKolles) und Ferrari eingeschrieben. Zudem stoßen zur Topklasse Fahrzeuge von Porsche und Cadillac nach dem LMDh-Reglement. Ab dem Rennen in Monza kommt zudem Isotta Fraschini hinzu. 2024 starten tatsächlich 23 Hypercars von neun verschiedenen Herstellern. Ab 2025 will auch Aston Martin (endlich) mit seiner Valkyrie im Langstreckensport angreifen.

Wer sich für die Technik interessiert: Die Stirnfläche des Fahrzeugs darf nicht kleiner als 1,6 Quadratmeter sein. Bewegliche Aerodynamikbauteile sind verboten. Es sind nur Viertakt-Benzinmotoren zugelassen. Bei serienmäßigen Motoren müssen die Gussteile des Motorblocks und des Zylinderkopfs vom Basismotor stammen (können aber durch Bearbeitung oder Hinzufügen von Material geringfügig verändert werden) und die Kurbelwelle darf maximal zehn Prozent leichter sein, während die Ventilwinkel, die Anzahl der Nockenwellen und die Lage der Nockenwellen ebenfalls so bleiben müssen, wie sie im Originalmotor verbaut sind.

Bei Fahrzeugen, die ein Hybridsystem mit Energierückgewinnung verwenden, wird die Geschwindigkeit, bei der es eingesetzt werden kann, in der Tabelle für die Leistungsbilanz festgelegt. Die elektrische Gleichstromleistung darf 200 kW nicht überschreiten. Der Radstand darf maximal 3150 Millimeter betragen. 1030 Kilo ist das maximale Gewicht, der Motor allein darf nicht mehr als 165 Kilo wiegen. Beim Hubraum gibt es keine Beschränkungen, aber bei der Leistung: Mehr als 680 PS (500 kW) sind nicht erlaubt.

Da lobe ich mir doch die Straßenfahrzeuge mit 1000 und weit mehr PS …

ALPINE
businessolver
businessolver
elf
Ixell
MICHELIN

Alpine A424

2024 ist Alpines erste Hypercarsaison. Der A424 ist der direkte Nachfolger des A480, der noch auf dem alten Reglement basiert und nicht viele Meriten einfahren kann. Die beiden eingesetzten elektrifizierten Hypercars fallen noch vor der anstrengenden Nachtschicht aus mit Motoren-Problemen. An den Volants arbeitet unter anderen Michael Schumachers Sohn Mick. Alpine nutzt für sein Auto viele Fremdkomponenten: LMP2-Chassis, Xtrac-Getriebe, Batterien von Williams, MGU (Motor Generator United) von Bosch, den Formel-2-3,4-Liter-V6 von Mecachrome. Der kommt mit seinen 680 PS genau an die erlaubte Kraft-Grenze. Wie die meisten der anderen Hypercarhersteller auch setzt Alpine optisch auf leicht erkennbare Lichtsignaturen vorne und hinten.

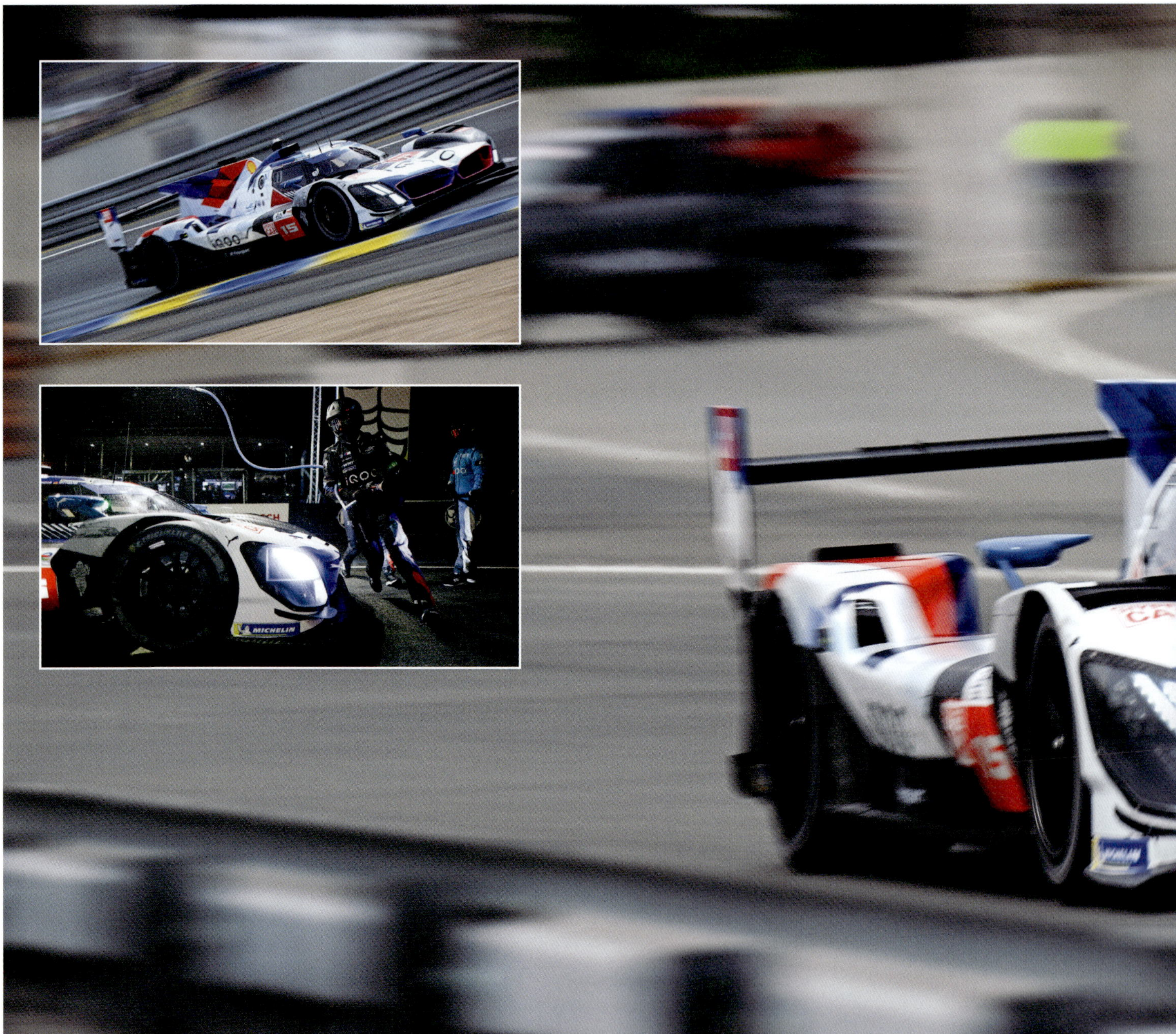

BMW M Hybrid V8

Auch BMW setzt 2024 in Le Mans zwei Autos ein. Eines davon ist – nach guter alter Tradition – mal wieder ein neues Art Car, optisch gestaltet von der New Yorker Künstlerin Julie Mehretu. Der Rennwagen wird unter großem Tamtam beim Concourse d'Elegance an der Villa d'Este vorgestellt. Beim Rennen läuft er jedoch erst hinterher, dann gar nicht mehr – er fällt wie auch sein Pendant aus (Marco Wittmann verliert schon nach 20 Minuten die Kontrolle über einen der Bayern). Wie auch Alpine setzt BMW auf das LMDh-Reglement. Das Chassis steuert Dallara bei, den 680 PS starken Vierliter-V8 leiht sich BMW bei seinem 2018er Class-1-M4 aus der DTM. Statt die Scheinwerfer besonders zu gestalten, erlauben sich die Bayern, ihren beiden mächtigen Nieren vorne mit LEDs zu schmücken.

Motorsport

Cadillac V-Series.R
Cadillac pocht ebenfalls auf ein Chassis von Dallara, entwickelt aber einen neuen Motor – einen 5,5-Liter-V8-Sauger. Schon 2023 hat ein Caddy-Renner sein Potenzial bewiesen mit einem dritten Gesamtrang. Lange sind die Amerikaner mit ihren Boliden auch 2024 vorne dabei, letztlich läuft der Wagen von Bamber, Lynn und Palou als Siebtbester über die Ziellinie. Der zweite Wagen kommt auf Rang 15 an. Im US-Renner sitzen unter anderem der Brite Jack Aitken, der zu jener Zeit mit Ferrari in der DTM für Furore sorgt.

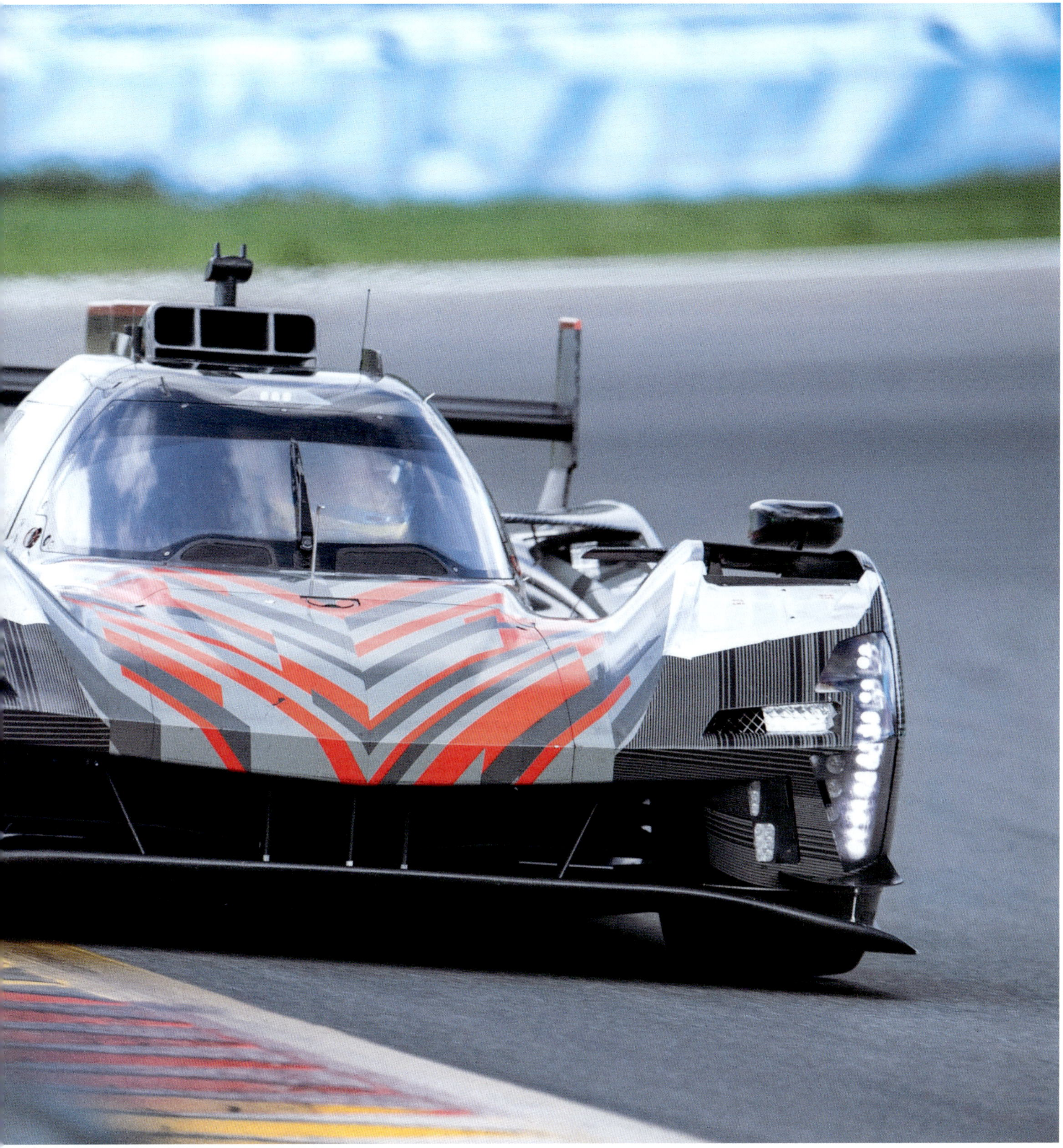

Ferrari 499P

Ferrari nimmt 2024 mit zwei Werksautos teil – nicht in der LMDh-Klasse, sondern bei den LMH-Autos. Das erlaubt ihnen einerseits, von der Vorgabe der vielen Einheitsbauteile abzurücken, aber auch mehr Freiheiten in der Entwicklung. Nachteile: höhere Kosten und das Manko, nicht in Amerika bei der IMSA-Serie mitfahren zu dürfen. Die Rennwagen unterscheiden sich kaum zu den 2023er-Modellen. Unter dem Kunststoffkleid steckt ein V6-Biturbo mit drei Liter Hubraum, was aber keinen Leistungsunterschied zu den LMDh-Rennern ausmacht. Die Italiener wollen unbedingt den Titel verteidigen, den sie 2023 nach einer 50 Jahre dauernden Werks-Abstinenz vom Rennen überraschend und verdient einfuhren. Und das schaffen sie auch: Die Nummer 50 mit Fuoco, Molina und Nielsen gewinnt, das zweite Auto mit Pier Guidi, Calado und Giovinazzi wird Dritter. Das Kundenteam AF Corse, das ebenfalls auf Ferrari 499P fährt, fällt dagegen aus.

RICHARD MILLE
PELZER GROUP
V-Power
ADLER
51

Isotta-Fraschini Tipo6-C

Bei Isotta-Fraschini weiß man nie, woran man eigentlich ist. Nachdem die Le Mans-Teilnahme 2024 scheiterte, treten die Mannen 2024 tatsächlich an. Und zwar mit einem LMH-Auto, dass viele Einheitsteile der LMDh nutzt wie Getriebe, MGU und Batterien. Beim Motor hat ein alter Bekannter tatkräftig mitgeholfen: die HWA AG. Das ist das Team um den AMG-Gründervater Hans-Werner Aufrecht. Die sorgen für einen aufgeladenen Dreiliter-Sechszylinder. Aber alle Anstrengung hilft nichts: In seiner Klasse wird Isotta-Fraschini 2024 letztlich nur Vierzehnter.

Isotta Fraschini
SIGNUM
11
IF
SIGNUM

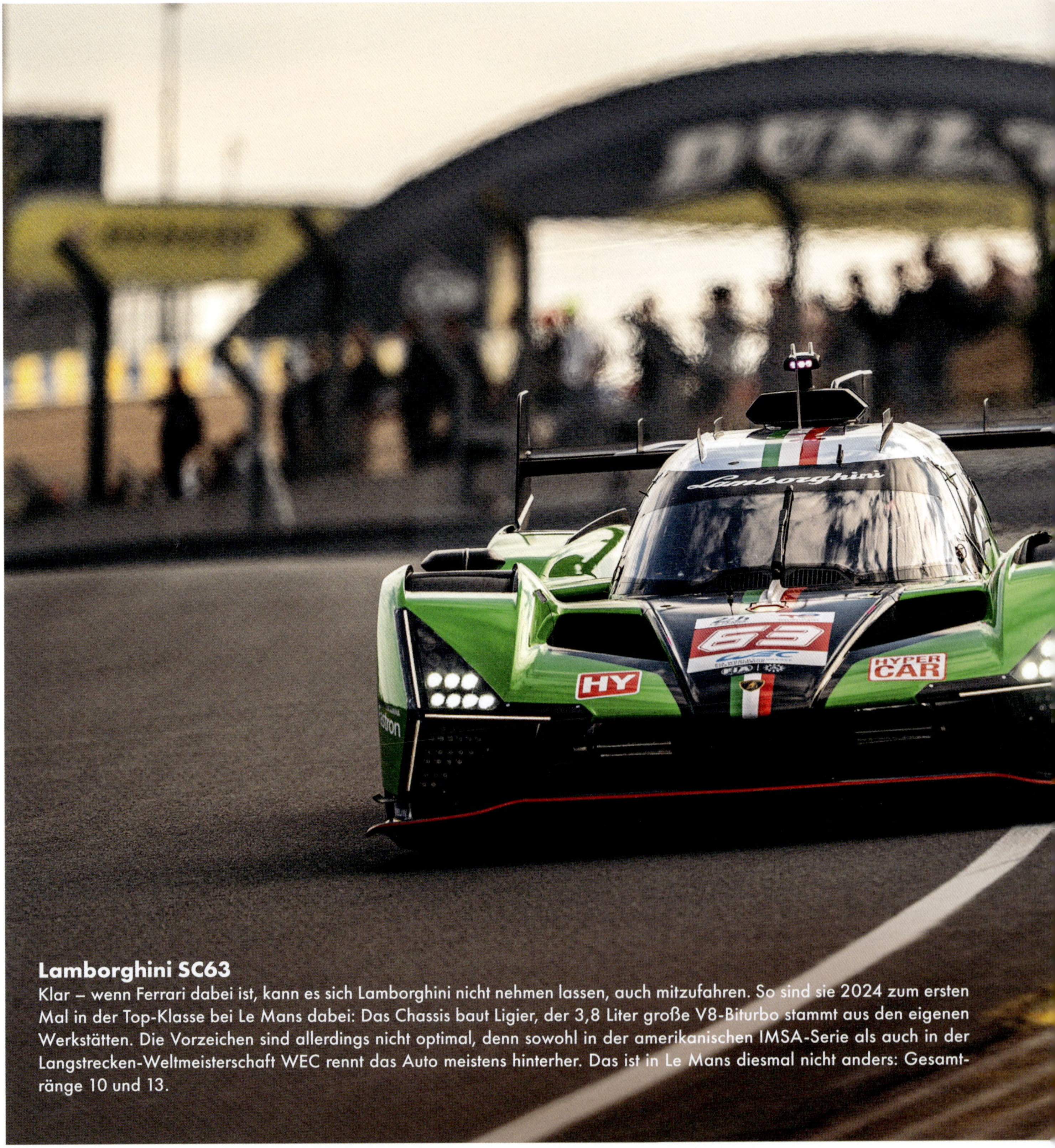

Lamborghini SC63

Klar – wenn Ferrari dabei ist, kann es sich Lamborghini nicht nehmen lassen, auch mitzufahren. So sind sie 2024 zum ersten Mal in der Top-Klasse bei Le Mans dabei: Das Chassis baut Ligier, der 3,8 Liter große V8-Biturbo stammt aus den eigenen Werkstätten. Die Vorzeichen sind allerdings nicht optimal, denn sowohl in der amerikanischen IMSA-Serie als auch in der Langstrecken-Weltmeisterschaft WEC rennt das Auto meistens hinterher. Das ist in Le Mans diesmal nicht anders: Gesamtränge 10 und 13.

Fastron
OMP

Peugeot 9X8

Peugeot gehört zu der Marke, die die meisten Erfahrung mit Hypercars in Le Mans hat: Die Franzosen nahmen mit ihrem 9X8 schon 2022 und 2023 in der LMh-Klasse teil. Allerdings fuhren auch stets viele Probleme mit. So überarbeitet Peugeot die Technik des Wagens für 2024 stark, der zuvor mit fehlendem Heckspoiler und viel Ground Effect punkten wollte. Folgerichtig bekommt der 9X8 einen konventionellen Heckflügel, fette Reifen hinten und schmale vorne. Die Franzosen kämpfen tapfer – aber umsonst: 2024 Rang zehn und zwölf für die Franzosen.

PEUGEOT
DHL
93
yahoo!

Porsche 963

Porsche will es wissen – und ist 2024 gleich mit sechs Autos in der Schlacht von Le Mans dabei, davon drei Werkswagen. 2023 lief noch nicht so gut, in 2024 haben die Boliden mit Chassis der kanadischen Firma Multimatic bereits Siege in der IMSA-Serie als auch bei der WEC eingefahren. Im Gegensatz zu vielen Hypercar-Konkurrenten entscheidet sich Porsche in Sachen Motor für einen Kleinserienaggregat, nämlich für den elektrifizierten 4,6 Liter-V8 aus dem 918 Spyder – natürlich mit 680 PS. Die Qualifikation gewinnt Porsche schonmal mit Kevin Estre, André Lotterer und Laurens Vanthoor am Steuer. Im Rennen klappt es nicht so gut: Der beste Werks-Porsche läuft auf Rang 4 ein, der nächste auf Rang 6, die beiden Wagen des Kundenteams Jota-Porsche erringen Platz 8 und 9, das Auto des zweite Kundenteams Proton Competition läuft auf dem 16. Platz über die Ziellinie. Der dritte Werksporsche fällt aus.

PORSCHE
Hertz
Mobil 1
JOTA

Toyota GR010 Hybrid

Toyota hat eigentlich alle Höhen und Tiefen in Le Mans mitgemacht: Siege und Niederlagen – letzteres auch mal trotz überragender Führung eine Runde vor Schluss durch Streik des Autos. Kein Wunder, sind die Japaner doch seit 2012 ununterbrochen dabei – 2022 gewannen sie hier, 2023 mussten sie sich nur Ferrari geschlagen geben. Somit haben sie auch die Anfänge des LMH-Reglements 2021 miterlebt. Ihre 680 PS erreichen sie dank eines 3,5-Liter-Biturbo-V6, der besonders auf Langlebigkeit ausgelegt wurde. Das hat sich bei der Langstrecken-WM schon ausgezahlt, denn ihre LMH-Wagen gewinnen allen drei vergangenen Saisons. Diesmal allerdings ist Ferrari für die Japaner zu stark – man erreicht „nur" Platz zwei und fünf.

DENSO
7
HYPER CAR
FUJITSU
AISIN
ZENT
AISIN
MICHELIN

LCL
SPARK
DENSO
FUJITSU
AISIN
ZENT
HYPER CAR
HY
7

DENSO
HY
8
FUJITSU
AISIN
ZENT
HYPER CAR
MICHELIN

Aston Martin AMR-LMH

2025 steigt Aston Martin in die Langstreckenweltmeisterschaft ein – und ist laut eigener Aussage damit der einzige Hersteller, der damit auf allen Ebenen des Sportwagen- und GT-Rennsports (Hypercar bis GT4) sowie in der Formel 1 antritt. Das Auto für Le Mans heißt zunächst Valkyrie AMR-LMH. Es basiert – auch einzigartig – auf dem Straßenauto Valkyrie. Das Carbonfaser-Chassis des Valkyrie AMR-LMH verwendet eine modifizierte, mager verbrennende Version des von Cosworth gebauten 6,5-Liter-V12-Saugmotors, der in der Standardausführung 11.000 Umdrehungen erreicht und mehr als 1000 PS entwickelt. Das Triebwerk wurde angepasst, um das Leistungsfenster der Hypercar-Klasse zu erreichen und um möglichst 24 Stunden durchzuhalten.

VALKYRIE
IMSA
007
WEC

THE HEAR
OF RACING

Dieses Buch wurde inspiriert
von Karl Heel.